建设社会主义新农村图示书系

图说烟草
病虫害防治关键技术

王凤龙　王　刚　主编

U0238306

中国农业出版社

编著者名单

主　编　王凤龙　王　刚

副主编　孔凡玉　任广伟　李义强

编　委（按姓氏音序排列）

陈　丹　陈德鑫　成巨龙　邓海滨

丁　伟　冯　超　李　莹　梁洪波

刘　伟　刘晓璐　卢燕回　钱玉梅

秦西云　商胜华　申莉莉　时　焦

孙惠青　王海涛　王　静　王新伟

王秀芳　王秀国　王　颖　王　永

吴元华　向先友　徐光军　徐金丽

杨金广　战徊旭　张超群　张成省

赵洪海　郑　晓　周本国

前　言

　　烟草病虫害一直是影响我国烟叶生产可持续发展的重要因素，每年都造成巨大的经济损失。近年来，烟草种植区域、栽培措施、生态条件等发生了较大变化，导致我国烟草病虫害发生和防治形势日趋复杂。为此我们编写了《图说烟草病虫害防治关键技术》，以期普及烟草病虫害基础知识和防治技术，进一步提高病虫害防治水平，将其危害损失降到较低水平，确保烟叶安全生产。

　　本书收录了常见的烟草病虫害种类，以病虫的识别特征、为害状、发生规律和防治方法作为重点进行阐述，并配有大量彩色图片，实用性和可操作性强。

　　在本书的编写过程中，得到云南省烟草农业科学研究院、河南省农业科学院烟草研究所、安徽省农业科学院烟草研究所、江西省烟草研究所、西南大学等单位多位专家的支持，并提供了部分资料和图片，在此一并表示衷心的感谢。

由于时间仓促，加之编者水平有限，书中错误或不妥之处在所难免，恳请读者批评指正。

编　者

2013年1月

目 录

一、烟草病害

（一）真菌病害

烟 草 炭 疽 病

烟草炭疽病在全国各烟区普遍发生，以苗期为害严重，有时在移栽至团棵期也会发生。病原为烟草炭疽菌（*Colletotrichum nicotianae*），属半知菌亚门腔孢纲黑盘孢目。

[**症状**] 发病初期在叶片上产生暗绿色水渍状小点，1 ～ 2 天后可扩大成直径 2 ～ 5 毫米的圆形病斑。中央为灰白色、白色或黄褐色，稍凹陷，边缘明显，稍隆起，呈赤褐色。后期病斑中央呈羊皮纸状、破碎、穿孔。在潮湿条件下，有时有轮纹或小黑点产生。病斑密集时，常愈合成大斑块或枯焦似火烧状。大田期烟株发病症状与苗期基本相同，但病斑稍小、颜色较浅，多呈灰白色。

烟草炭疽病苗期症状

[**发病规律**] 20 ～ 30℃ 是该病发生的适宜温度。在温度、湿度较高的条件下，以及苗床排水不良、大水漫灌、烟苗过密时，均易诱发病害。

[**防治方法**] 控制苗床湿度，并及时喷药保护。

烟草炭疽病成株期症状

烟草炭疽病叶部症状

（1）苗床地势要高、排灌方便，进行土壤消毒。

（2）选用包衣种子，裸种消毒可用1%～2%硫酸铜或0.1%硝酸银，浸种10分钟后，用清水冲洗3次。

（3）加强苗床管理，浇水宜在晴天上午进行，注意通风，降温排湿。

（4）在2～3片真叶时可喷施1∶1∶（160～200）波尔多液进行保护。发病后可选用75%百菌清可湿性粉剂500～800倍液或50%代森锌可湿性粉剂500倍液等进行喷施。

烟草猝倒病

烟草猝倒病在全国各烟区普遍发生，是烟草苗期的常见病害，也可为害大田烟株。病原为多种腐霉属真菌（*Pythium* spp.），属鞭毛菌亚门卵菌纲霜霉目腐霉科。

[症状] 被侵染的幼苗在接近土壤表面处先发病，发病初期茎基部呈褐色水渍状软腐，并环绕茎部，幼苗随即枯萎，倒伏于地面，子叶暂时保持暗绿色，苗床湿度大时，周围密生一层白色絮状物。幼苗5～6片真叶时被侵

烟草猝倒病病株

染，植株停止生长，叶片萎蔫变黄，病苗根部呈水渍状腐烂，皮层极易从中柱上脱落。当病菌从地面以上侵染时，茎基部常缢缩变细，地上部因缺乏支持而倒伏，根部一般不变褐色而保持白色。移栽大田后的发病幼苗，在适宜环境条件下病害会继续蔓延，茎秆全部软腐，病株很快死亡；幸存的植株可继续生长，当遇到潮湿天气时，接近土壤的茎基部出现褐色或黑色水渍状侵蚀斑块，茎基部下陷皱缩，干瘪弯曲。茎的木质部呈褐色，髓部呈褐色或黑色，常分裂成碟片状，故大田期也称茎黑腐症。

烟草猝倒病苗期症状

[发病规律] 病菌以卵孢子和厚垣孢子在土壤中或病残体上越冬，成为来年的初侵染源。苗床持续低温高湿利于该病发生，温度持续在24℃以下，空气湿度大，土壤水分高，易导致该病的发生。

[防治方法] 防治重点是加强苗床管理，配合药剂防治。

（1）严格苗床消毒，保持苗床卫生。消毒育苗设施和基质，育苗用水一定要洁净。

（2）加强苗床管理，控制好温、湿度。留苗不要过密，苗床湿度较大时，要注意通风排湿，可撒干细沙土或草木灰降低苗床湿度。

（3）烟苗大十字期后可喷施1∶1∶（160～200）波尔多液进行保护，每7～10天喷1次。发病后可选用72%甲霜·锰锌可湿性粉剂800倍液浇灌。

烟草立枯病

烟草立枯病又称胫疮病，在我国烟区零星发生，偶尔有些苗床发病较重。病原为立枯丝核菌（*Rhizoctonia solani*），属半知菌亚门无孢菌目丝核菌属。

[**症状**] 发病部位为茎基部，初期在表面形成褐色斑点，逐渐扩大到环绕茎，病部变细，病苗干枯，甚至倒伏。在高湿的情况下也能引起烟苗大面积死亡。此病的显著特征是接近地面的茎基部呈显著的凹陷收缩状，病部及周围土壤中常有蜘蛛网状菌丝粘附，有时在重病株旁可找到黑褐色菌核。

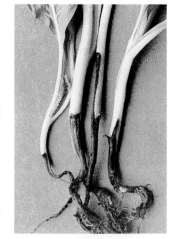

烟草立枯病症状

[**发病规律**] 病菌以菌丝体在病残体内或以菌核在土壤中长期存活。该病的发生受温度影响较大，苗床温度低于20℃时，发病较重。中等土壤湿度或较低湿度的土壤有利于该病发生。因此在苗床后期，特别是揭膜后，遇干旱风时，往往出现发病高峰。

[**防治方法**]

（1）加强苗床管理，注意提高地温，合理通风，防止苗床或育苗盘出现高温高湿。

（2）药剂防治。发病初期喷洒40%百菌清悬浮剂500倍液、70%代森锰锌可湿性粉剂500倍液、50%退菌特可湿性粉剂800倍液或20%噁霉·稻瘟灵乳油1 500倍液。立枯病与猝倒病混合发生时，可用72.2%霜霉威水剂800倍液加50%福美双可湿性粉剂800

倍液喷淋，用量 2 ~ 3 升 / 米^2。

烟 草 黑 胫 病

　　烟草黑胫病是我国烟草上的重要病害之一，黄淮烟区及其以南各烟区发生较重。病原为烟草疫霉菌（*Phytophthora parasitica var. nicotianae*），属鞭毛菌亚门霜霉目腐霉菌科疫霉属。

　　[**症状**] 烟草黑胫病菌主要为害烟株的茎基部和根，病斑向上、下扩展，延伸至茎、叶及根部。苗期受害呈猝倒状，一般发病较少；旺长期受侵染时茎上无明显症状，而根系变黑死亡，导

烟草黑胫病叶部症状

烟草黑胫病根部及茎基部症状　　　　烟草黑胫病茎基部症状

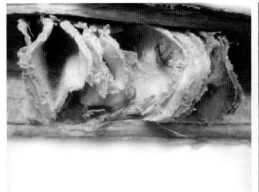

烟草黑胫病髓部碟片

烟草黑胫病髓部碟片间的菌丝

烟草黑胫病造成的萎蔫

烟草黑胫病造成的腰烂

致叶片迅速凋萎、变黄下垂，呈"穿大褂状"，严重时全株死亡。"黑胫"为此病的典型症状，从茎基部侵染并迅速向横向和纵向扩展，可达烟茎1/3以上，纵剖病茎，可见髓部干缩成褐色"碟片状"，其间有白色菌丝；在多雨季节，雨水溅起的孢子可以从抹杈等茎伤口处侵入，形成茎斑，使茎易从病斑处折断，即为"腰烂"；多雨潮湿时下部叶片可以受侵染，形成直径4～5厘米的坏死斑，又称"黑膏药"。

[**发病规律**] 病菌以厚垣孢子和菌丝在土壤或厩肥中的病株残体内越冬，可存活3年以上，是主要初侵染菌源。田间病菌主要靠流水、农事操作传播。高温高湿有利病害发生，而降雨和湿度是流行的关键因素。盖膜烟田比未盖膜烟田黑胫病早发生10～15天。

[**防治方法**]

（1）种植抗病品种，NC82、K326、K346、NC89、鄂烟2号、云烟85、K394、中烟9203、中烟14等都较抗病。

（2）实行2～3年与禾本科作物或甘薯等轮作，适时早栽，防止田间积水，起垄栽烟；及时拔除病株并妥善处理。

（3）药剂防治。72%甲霜·锰锌可湿性粉剂800倍液、50%烯酰吗啉水分散粒剂1 500倍液及72.2%霜霉威盐酸盐水剂600～900倍液于移栽后3～5周向茎基部灌根或向其周围表土施药，成苗期灌根效果亦较好。

烟 草 赤 星 病

烟草赤星病是我国烟草的主要病害之一，全国各产烟区均有发生，东北、黄淮及西南烟区受害较重。主要在成熟期发病，病原为链格孢菌（*Alternaria alternata*），属半知菌亚门丛梗孢目暗色菌科交链孢属。

[**症状**] 烟草赤星病俗称红斑病，又称恨虎眼、火炮斑，是烟叶成熟期的真菌性病害，从烟株下部叶片开始发生，随着叶片的成熟，病斑自下而上逐步发展。最初在叶片上出现黄褐色圆形小斑点，以后变成褐色。病斑的大小与湿

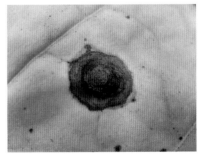

烟草赤星病典型病斑

度有关，湿度大病斑则大，干旱时则病斑小，初期病斑直径不足1毫米，以后逐渐扩大至1～2厘米。病斑圆形或不规则，褐色，病斑每扩展1次，病斑上留下一圈痕迹，形成多重同心轮纹，外围有淡黄色晕圈。病斑中心有深褐色或黑色霉状物。天气干旱时，病斑质脆，病斑中部有可能产生破裂；病害严重时，许多病斑相互连接合并，致使病斑枯焦脱落，整个叶片破碎而失去价值。茎秆、蒴果上也可产生深褐色、黑褐色圆形或长圆形凹陷病斑。

烟草赤星病茎部病斑　　　　　　　烟草赤星病叶部病斑

[发病规律] 病菌以菌丝体在病株残体中越冬，尤以病茎上越冬成活率较高。烟草赤星病是一种气流传播病害，长距离传播主要靠风，雨水能作短距离传播。烟株幼苗期抗病，以后抗病力逐渐减弱，烟叶成熟后开始进入感病阶段。发病适宜温度为23.7～28.5℃，降雨多、空气湿度大、昼夜温差大、结露时间长，利于发病。

[防治方法]

（1）选用抗病、耐病品种，较抗赤星病的品种有G28和K346等，红花大金元、G80和K326较耐病。

（2）适时早栽，培育壮苗，提高烟株的抗病能力。

（3）合理密植，适当增施磷、钾肥；彻底销毁烟秆等病残体，减少侵染源。烟叶成熟后，及时采收或摘除底脚叶，改善烟株下部通风透光条件，延缓初侵染期，能及时防治或延缓赤星病的发生。

(4) 药剂防治。结合采收底脚叶喷第1次药,一般要间隔7~10天喷第2、3次。40%菌核净可湿性粉剂400~500倍液、3%多抗霉素水剂400~800倍液效果较好。

烟草根黑腐病

烟草根黑腐病在我国分布广泛。河南、云南、广西、贵州、山东、安徽、湖北、四川等地发生较重,近年来为害有所上升。病原为根串株霉菌(*Thielaviopsis basicola*),属半知菌亚门丛梗孢目串珠霉属。

[症状] 幼苗期至现蕾期发病较重,主要侵染烟草根系,受害根呈特异的黑色。烟苗较小时,病菌从土表部位侵入,病斑环绕茎部向上侵入子叶,向下侵入根系,使整株腐烂,呈“猝倒”症状。较大的烟苗感病后,根尖和新生的幼根变黑腐烂,大根系上呈现黑斑,病部粗糙,严重时腐烂,拔出时仅见到变黑的茎基部和少数短而粗的黑根与主干相连。发病苗床烟苗长势和叶色不均匀。大田期被侵染的烟苗生长缓慢,植株严重矮化,中下部叶片变黄枯萎,大部分根变黑腐败,在病斑上方常可见到新生的不定根。在田间极少整田发病,多为局部或零星发病。

烟草根黑腐病初期症状

(丁伟 提供)

烟草根黑腐病萎蔫症状

(丁伟 提供)

烟草根黑腐病大田症状

（丁伟　提供）

烟草根黑腐病根系症状
（丁伟　提供）

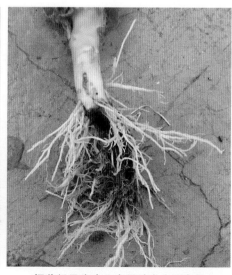

烟草根黑腐病为害导致产生不定根
（丁伟　提供）

[**发病规律**] 根黑腐病是土传病害，主要以厚垣孢子和内生分生孢子在土壤中、病残体及粪肥中越冬，成为初侵染源。田间发病的最适温度为17～23℃。土壤湿度大，尤其是接近饱和点时易于发病，pH≤5.6时极少发病。

[**防治方法**]

（1）选用抗病品种，NC82、NC89、NC60、G140、红花大金元等对根黑腐病有较好的抗性。

（2）用威百亩等进行土壤消毒，培育无病壮苗。

（3）与禾本科植物进行3年以上的轮作。

（4）采用高垄栽培，施用腐熟的有机肥。

（5）发病后可用药剂防治，移栽时用75%甲基硫菌灵可湿性粉剂每亩*50～75克拌细干土穴施，或加水50千克浇施。发病初期可喷施75%甲基硫菌灵可湿性粉剂1 000倍液、50%多菌灵可湿性粉剂500～800倍液或50%福美双可湿性粉剂500倍液灌根。

烟草低头黑病

烟草低头黑病俗称勾头黑、半边烂等，是由真菌引起的一种烟草病害。我国1953年首次报道该病害，主要发生在山东潍坊地区。近年来在河南、山东、陕西时有发生，但极少造成为害。病原为辣椒炭疽菌烟草变型（*Colletotrichum capsici* f. *nicotianae*），属半知菌亚门黑盘孢目黑盘孢科炭疽菌属。

[**症状**] 烟株地上各部位都可受到低头黑病菌的侵染。茎部发病时，在茎的一侧先形成0.2～0.3毫米的圆形或椭圆形小黑点，逐渐向上、向下扩展，条斑下陷、黑色，顶芽随之向发病的一侧弯曲，最后全株变黑枯死。叶部发病时，病斑多发生在中脉或近侧脉处，叶片呈扭曲状，并通过中脉扩展到叶基部，然后蔓延到茎部，引起顶芽弯曲，发病一侧叶片凋萎。

---

*亩为非法定计量单位，15亩=1公顷。全书同。

烟草低头黑病大田症状　　　　　烟草低头黑病病株

烟草低头黑病症状

（王海涛　提供）

[发病规律] 病菌的菌丝体在土壤及病株残体上可存活3年以上，带菌的土壤、肥料和发病烟苗是大田的主要初侵染源。病部分生孢子靠风雨及流水进行传播，在农事操作时，人、畜和农具上沾染的病土也可以传播。连作地块发病重。田间湿度大、土壤黏重、地势低洼、排水较差的地块发病重。高湿及较高的温度有利于病害发生，特别是暴风雨后伴随较高温度，往往会出现一次发病高峰。

[防治方法]

（1）种植抗病品种。较抗病的品种有中烟14、G80等，在重病区可与小麦、谷子、高粱等非寄主作物轮作，轮作以3年为宜。

（2）加强栽培管理，注意田间卫生。培育无病壮苗，苗床土用32.7%威百亩水剂消毒（40～60克/米²），不从病区调运烟苗；合理施肥，增施硫酸钾（15千克/亩），可有效减轻其为害；拔除的病株和摘除的病叶要集中销毁。

（3）药剂防治。从大十字期开始，间隔7～10天喷1次70%甲基硫菌灵可湿性粉剂700倍液或50%退菌特可湿性粉剂500倍液，在移栽时每亩穴施70%甲基硫菌灵可湿性粉剂0.5千克，15天后，再用1 000倍液喷淋1～2次。团棵期连续喷洒50%甲基硫菌灵可湿性粉剂500倍液、50%多菌灵可湿性粉剂600倍液或50%苯菌灵可湿性粉剂1 500倍液。

烟草蛙眼病

烟草蛙眼病在我国各烟区均有发生，广西、湖南、河南、云南等地发生较重，其他地区发生较轻。在生长期、烘烤及晾晒期间仍会继续为害。病原为烟草尾孢菌（*Cercospora nicotianae*），属半知菌亚门丛梗孢目暗色菌科尾孢属。

[症状] 烟草蛙眼病主要为害叶片，病斑一般先从中下部叶片发生，成熟的叶片较幼嫩叶片易感病，病斑圆形，直径2～15毫米，病斑大小因气候条件和品种不同有所差异。病斑有狭窄深褐色边缘，内层为褐色或茶褐色，中心为灰白色羊皮纸状，湿度大时，在病斑中央散布灰色霉状物，形如蛙眼。若在采收前2～3天受

烟草蛙眼病症状

到侵染，烘烤时在变黄期可形成绿斑或黑斑。蛙眼病常与赤星病混淆，但蛙眼病病斑较小，且病斑多呈灰白色或淡褐色，中央白色，而赤星病病斑较大，褐色或红褐色，有明显的黄色晕圈。

[**发病规律**] 病菌主要以菌丝体随病残体在土壤中越冬，成为翌年初侵染源；带病的烟苗亦可成为大田的初侵染源，一般先从底脚叶和下部叶片发病，病斑上的分生孢子借风、雨传播，高温高湿有利于病害发生。烟株过密，通风透光不良，烟株早期脱肥，叶片假熟均可加重蛙眼病的发生为害。

[**防治方法**]

（1）实行2～3年轮作；在烟叶收获后及时清理烟株残体并深耕；及时摘除底脚叶和病叶，以减少田间菌源，增强田间通风透光，降低田间湿度。

（2）合理施肥。适当增施钾肥，施用充分腐熟的有机肥。

（3）药剂防治。现蕾后视发病情况，发病初期，先采摘底脚叶及病叶，并立即喷药防治。可选用50%多菌灵可湿性粉剂500～800倍液，隔7～10天喷施1次。

烟 草 白 粉 病

烟草白粉病在我国主要烟区均有发生，云南、湖北、福建、广东、广西、贵州、重庆及陕西等地时有发生。其他烟区若烟田密度过大或长势过旺，通风透光较差，亦会受到一定为害。病原为二胞白粉菌（*Erysiphe cichoracearum*），属子囊菌亚门白粉菌目白粉菌科白粉菌属。

[**症状**] 在苗期和大田期均可发生，主要发生在叶片上，严重时也可蔓延到茎上，其显著特征是先从下部叶片发病。发病初期，在叶片正面先呈现白色微小的粉斑，随后白色粉斑在叶片正面扩大，严重时白色粉层布满叶面。

[**发病规律**] 白粉病菌在病株残体上以菌丝或子囊壳越冬，也可在其他寄主上越冬。此菌为外寄生菌，除吸器外，菌丝和分生孢子全部长在叶表面，分生孢子极易飞散，主要借气流传

播。在温暖潮湿、光照较少的条件下发生较重，最适侵染温度为16～23.6℃，最适湿度为73%～83%，高温高湿不利于病害发生，大雨后可减轻白粉病为害。

烟草白粉病叶片症状

[防治方法]

（1）目前大多数烤烟品种对白粉病抗性不强，必须采取综合防治方法，平衡施肥，增加磷、钾肥可提高烟株抗性，及时摘除底脚叶及病叶，减少田间病菌数量。

（2）药剂防治。在发病初期开始喷药防治，随后根据病情发展，每隔7～10天喷药1次，重点喷在中下部叶片上；20%三唑酮乳油1 000～1 500倍液、36%甲基硫菌灵悬浮剂800～1 000倍液或12.5%腈菌唑微乳剂1 500～2 000倍液都有较好的防治效果。

烟 草 灰 霉 病

烟草灰霉病在我国部分烟区零星发生，为害较轻。但在贵州、四川、广西、重庆等地的局部烟区也有一定为害。病原为灰葡萄孢菌（*Botrytis cinerea*），属半知菌亚门葡萄孢属。

[症状]灰霉病在整个烟草生长期都可发生，多见于苗期及现蕾期下部接近土表的叶片上。病斑为近圆形，褐色，具有不清晰

的淡色边缘。多雨高湿环境下病斑迅速扩展，直径可达5厘米以上，病斑呈湿腐状，其上布满灰色霉层，为病菌的分生孢子梗及分生孢子。严重时整叶萎缩，但不脱落，病害可以沿叶柄蔓延至茎秆，形成长达数厘米的长形黑色病斑，表面布满灰色霉层。严重时可导致茎基部腐烂，整株死亡。后期可在病斑处形成菌核。

烟草灰霉病大田茎部症状
（成巨龙　提供）

烟草灰霉病病斑
（卢燕回　提供）

烟草苗床灰霉病症状　　　　　　烟草灰霉病幼苗症状

　　[发病规律]病原菌主要以菌丝体在病残体上或以菌核在土壤中越冬，主要靠分生孢子通过气流传播。多雨高湿利于灰霉病发生。当烟株密度过大、烟田排水不畅时，发病严重。

[防治方法]

（1）实施轮作，及时清理病残体，搞好秋、冬耕，减少灰霉病菌的越冬源。

（2）合理密植，保证通风透光，防止田间积水，加强田间管理，增强烟株抗病性。

（3）发病后可喷药防治，可用40%菌核净可湿性粉剂500倍液，50%甲基硫菌灵可湿性粉剂500倍液，施药时可用喷雾器喷湿患病烟株茎基部及周围土壤，达到控制病菌生长繁殖的目的。

烟 草 白 绢 病

烟草白绢病在我国台湾、贵州、湖南、湖北、广东、广西、浙江和安徽等烟区发现。一般在田间零星发生，为害不重。病原为齐整小菌核菌（*Sclerotium rolfsii*），属半知菌亚门丝孢纲无孢目小菌核属。

[症状] 病害主要发生在大田后期，也有报道发生在移栽期，发病部位在成熟烟株接近地面的茎基部。受害部位初期呈现褐色下陷伤痕，逐渐环绕茎部，病斑上产生大量白色绢状菌丝，不久形成数量众多的油菜籽状菌核，菌核初期为白色，后逐渐变成黄色至茶褐色。随着病情的发展，病株自下而上叶片变黄萎蔫至枯死。湿度大时，病部易腐烂，只剩松散如麻的纤维组织，病株倒伏枯死。病株根部一般不腐烂。

烟草白绢病症状

[**发病规律**] 病菌以菌核及菌丝在土壤中越冬，次年在适宜的条件下，菌丝或菌核萌发产生的菌丝侵染烟株形成初侵染。菌核在干燥的土壤中可存活10年以上。病菌可通过病土、病株残体、各种作物种子中的菌核、农家肥料以及流水传播。菌丝虽然存活时间较短，但在有利的条件下，菌丝片段在局部传播中起着重要的作用。

烟草白绢病病株基部
（周本国 提供）

烟草白绢病病株基部菌核、菌丝
（周本国 提供）

病害发生的最适宜温度为30～35℃，15℃以下病害极少发生。土壤含水量高有利于病害的发展。烟株种植过密，通风透光不良有利于病害的发生。沙土地病害发生重。

[**防治方法**]

（1）旱地种烟可实行3～5年轮作，最好与禾本科作物轮作。烟稻轮作是减少病害发生的有效措施。

（2）清除病残体，减少土壤表层中有机残体的含量。

（3）提倡施用沤制的堆肥或腐熟的生物有机肥。烟草生长中后期追施草木灰，必要时在烟株基部撒施草木灰，重病地区或田块在春耕时可施用石灰。

（4）发病初期开始喷洒50%苯菌灵可湿性粉剂1 000倍液或50%多菌灵可湿性粉剂1 000倍液，重点喷在茎基部，7～10天1次，连续防治2～3次。

烟 草 煤 污 病

烟草煤污病亦称煤烟病，与蚜虫、烟粉虱、温室白粉虱等昆虫相伴发生。在我国各烟区零星发生，属次要病害。一般南方烟区稍重于北方烟区。烟草煤污病由多种真菌引起，以出芽短梗霉菌（*Aureobasidium pullulans*）、草本枝孢菌（*Cladosporium herbarum*）、枝状孢菌（*Cladosporium cladosporioides*）和链格孢菌（*Alternaria alternate*）等为主。

[**症状**] 煤污病多发生于植株下部成熟的叶片上，在叶片表面产生一层煤灰色霉层，多呈不规则形或圆形，易脱落。受害烟叶因光照不足，光合作用受阻，影响碳水化合物形成和叶片生长，致使病叶变黄，重病叶出现黄色斑块，叶片变薄，品质变劣。

烟草煤污病叶片症状　　　　　烟蚜蜜露诱发烟草煤污病

[**发病规律**] 煤污病发生在温暖、不通风的地区，一般由蚜虫或粉虱的蜜露诱发产生，发生轻重与当年烟田里蚜虫或烟粉虱发生轻重密切相关。煤污菌多属腐生性很强的一类真菌，在病株残体或土壤中的有机物上存活越冬。7～8月气温高，烟株生长茂密，通风透光不良，持续阴雨天气，特别是蚜虫或烟粉虱发生量大且防治不及时经常发生。

[**防治方法**] 及时喷药防治蚜虫或烟粉虱是控制此病发生为害

的最佳防治措施。此外应合理密植，及时摘除底脚叶，降低田间湿度，加强田间管理，促使烟株生长健壮，可减轻发生为害。

烟 草 靶 斑 病

我国于2006年在辽宁丹东烟草病害调查中首次发现烟草靶斑病，目前已逐步蔓延至国内其他地区，在辽宁已成为烟草生产上的主要病害，在广西、吉林、云南和贵州有零星发生。病原有性世代为瓜亡革菌（*Thanatephorus cucumeris*），属担子菌亚门层菌纲胶膜菌目亡革菌属，无性世代为立枯丝核菌（*Rhizoctonia solani*），属半知菌亚门无胞菌目丝核菌属。

[症状] 烟草靶斑病在烟草的苗期至成熟期均可侵染，主要为害烟草叶片，也可为害茎部。侵染叶片时，初为圆形浅褐色水渍状小斑点，随后迅速扩大成暗褐色直径为2～3厘米的近圆形病

烟草靶斑病大田症状

（吴元华　提供）

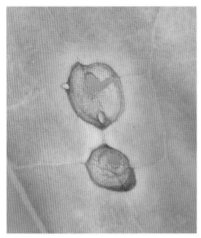

烟草靶斑病病斑穿孔

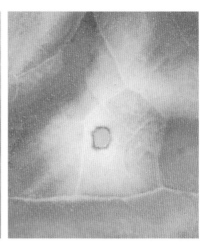

烟草靶斑病病斑黄色晕圈

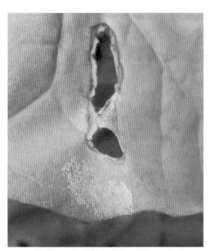

烟草靶斑病病叶上的霉层

斑，发生严重时病斑可连片，呈不规则形，病斑内几乎透明，并常有同心轮纹和褪绿晕圈，病斑坏死部分易碎，形成穿孔，形似枪弹射击后留在靶子上的孔洞，故称之为烟草靶斑病。湿度较大时，叶片背面常可见白色的霉层，为病菌的菌丝体或子实层。

[发病规律] 病菌以菌丝和菌核在土壤和病残体上越冬，成为病害的初侵染和再侵染来源。病害的发生流行与气候条件、品种抗性、栽培条件等因素有关，发病适宜温度为30 ~ 32℃。湿度是影响该病的重要因素，高温阴雨的天气往往病害发生严重。

[防治方法]

（1）注意卫生栽培，烟叶收获后及时清除病株残体和田间的枯枝落叶，防止接种体引入苗床和温室，传染烟苗。

（2）控制苗床和烟田湿度，合理密植，保证烟田通风透光。

（3）药剂防治。发病初期喷洒40％百菌清悬浮剂500倍液、70％代森锰锌可湿性粉剂500倍液、50％退菌特可湿性粉剂800倍液或36％甲基硫菌灵悬浮剂500倍液。

（二）细菌病害

烟 草 青 枯 病

烟草青枯病是我国烟区为害最严重的一种烟草细菌病害，仅吉林和黑龙江尚无此病分布，长江流域及以南烟区都普遍发生；其中广东、广西、福建、四川、重庆、湖南、安徽等地发病较重；近几年有向北方烟区发展的趋势，山东、河南及辽宁部分烟区亦有发生。病原为青枯雷尔氏菌（*Ralstonia solanacearum*）。

[症状] 烟草青枯病是典型的维管束病害，根、茎、叶各部都可受害，以为害烟草根部为主。发病初期，在晴天中午可见1～2

烟草青枯病茎部黑色条斑

烟草青枯病茎部横切面症状

烟草青枯病发病一侧茎干、主脉变褐色　　　烟草青枯病苗期症状

烟草青枯病大田症状

片叶凋萎下垂，而夜间又可以恢复，萎蔫一侧的茎上有褪绿条斑。随着病情加重，表现"偏枯"，但顶芽不向有病的一侧弯曲，萎蔫叶片仍为青色，褪绿条斑也变为黑色，可达植株顶部。发病中期枯萎叶片由绿变浅绿，然后叶肉逐渐变黄且叶脉变黑，呈黄色网状斑块，全部叶片萎蔫。发病后期病株的表皮、根部及髓部变黑腐烂，横切茎部有黄白色乳状黏液，即菌脓。茎上的黑色条斑和叶片上的黑黄色网状病斑是烟草青枯病最重要的症状特征。受青枯病感染的烟株一般仍保持直立，不倒伏，未摘除的病叶紧贴在茎秆上。

[发病规律] 烟草青枯病菌主要在土壤及遗落在土壤中的病残体及其他寄主上越冬，病原菌靠雨水、排灌水、病土、病苗、人畜、生产工具及昆虫进行扩散传播，一般从根部的伤口侵入。高温（30℃以上）和高湿（相对湿度90%以上）是青枯病流行的主要条件，土壤黏重、排水不良、湿度过高和连作发病重，土壤缺硼、有线虫或其他地下害虫伤害根部会加重病情。

[防治方法]

（1）选用抗、耐病品种，K326较耐病，G80、G140、Coker176、RG11、RG17、K346、K358、K394、中烟103、中烟201、云烟97、云烟98等都有一定的抗病能力。

（2）加强栽培管理。提倡与禾本科作物轮作，水田栽烟可实行烟稻隔年轮作制。旱地烟实行3～5年与禾本科作物或非青枯病菌寄主大面积连片轮作，均可取得良好防病效果。起垄栽培，开沟排水，施净肥，在缺硼烟田适当增施硼肥。

（3）在土壤偏酸性地区，在栽烟前施用石灰750～1 050千克/公顷进行土壤改良，可减少病菌传播机会。防治好地下害虫和根结线虫，在栽烟前可施98%必速灭微粒剂3～3.7克/米^2，穴施或沟施，可减少伤根，减轻发病。

（4）药剂防治。用200微克／毫升农用链霉素，栽后始病期开始用药，10天1次，连续2～3次，每株灌30～50毫升。3 000亿个/克荧光假单胞菌粉剂512.5克/亩，可采用苗床泼浇或灌根等方法施用。

烟 草 野 火 病

　　烟草野火病在我国各烟区均有发生，以黑龙江、吉林、辽宁、山东、四川、云南等地发生较重。有的烟田发病率高达40％～60％，严重者造成绝产。病原为假单胞杆菌属烟草致病变种（*Pseudomonas syringae* pv. *tabaci*）。

　　[**症状**] 野火病主要为害叶片，也为害茎、蒴果、萼片。发病初期产生褐色水渍状小圆斑，有很宽的黄色晕圈，以后病斑扩大，直径可达1～2厘米，病斑圆形，有褐色轮纹。严重时，病斑愈合形成不规则大斑。天气潮湿时病部有薄层菌脓，天气干燥时，病斑破裂脱落。茎、蒴果、萼片受侵染形成不规则的褐色至黑褐色小斑，黄晕不明显。

烟草野火病叶片症状

[**发病规律**] 病原菌在病残体、种子或其他寄主中越冬，借风雨、昆虫和粪肥传播，从伤口或自然孔口侵入。病害的发生流行与气候条件、品种抗性、栽培条件等因素有关，发病适宜温度为28～32℃。湿度是影响该病的重要因

烟草野火病发生初期症状

素，特别是暴风雨后，易造成病害流行。一般氮肥过多，钾肥不足，生长过旺的烟株易感病。

[**防治方法**]

（1）选用抗、耐病品种，白肋21、KY14、G80等较抗病。

（2）实行3～5年轮作，不与茄科、豆科、十字花科作物轮作。

（3）不偏施氮肥，注意氮、磷、钾配合施用，不施混有烟草病残体的粪肥。适期早栽，适时适度打顶，提早收获。收获后及时清洁田园并深翻土地。

（4）初发病时及时摘除病叶并进行药剂防治，可喷洒72%农用链霉素5 000倍液、77%硫酸铜钙可湿性粉剂600倍液，间隔7～10天喷1次，连防3～5次。

烟 草 角 斑 病

烟草角斑病在我国普遍发生，其中吉林、黑龙江、山东、陕西等地发病较重。一般常和野火病混生，在流行年份可造成绝产。病原为假单胞杆菌属烟草致病变种（*Pseudomonas syringae* pv. *tabaci*）。

[**症状**] 病害在各生育期均可发生，但一般在烟株生长后期发生较重。在苗床期幼苗上的病斑多在叶脉两侧形成不规则角状斑，病斑暗褐色、较小，以后症状逐渐明显。湿度大时病斑迅速扩大，几个病斑融合成大片坏死，最后造成叶片腐烂，幼苗倒伏。成株

期发病时叶片病斑受叶脉限制呈多角状或不规则形，深褐色至黑色，边缘明显，但无明显晕圈，在病斑中可以看到颜色深浅不同的云状轮纹，数个病斑可融合成一片。在雨后或空气湿度大时病斑呈水渍状，在叶背有菌脓溢出，呈水膜状，干后成一层膜。茎秆发病时形成不规则褐斑，茎部病斑多凹陷，无黄色晕圈。

烟草角斑病整株症状

烟草角斑病叶片症状

[**发病规律**] 病菌在田间的病残体和土壤中越冬，成为来年初侵染源，在种子里也可越冬。发病苗移栽到大田可成为发病中心，随着气温的升高，在6～8月若遇多雨天气，特别是暴风雨天气，使烟株相互碰撞摩擦造成大量伤口，病菌即可通过伤口和气孔、水孔等途径侵入叶片，引起发病，并通过雨水冲溅而传播，常表现为暴风雨后病害可骤然上升。天气干燥，病害发展受到抑制。田间若氮肥过多，打顶过早，密度过大，均可促使病情加重。

[**防治方法**]

（1）与水稻、玉米等禾本科作物进行3年以上轮作。

（2）采用适当密度移栽，增加田间通风透光。

（3）避免偏施氮肥，增施钾肥，做到适时、适度打顶，病害发生初期及早摘除病叶。

（4）药剂防治。田间发现病株后，根据天气情况及时喷洒72%农用链霉素5 000倍液、77%硫酸铜钙可湿性粉剂600倍液等药剂。

烟 草 空 茎 病

烟草空茎病又名空腔病，在我国各烟区均有发生。此病虽然分布广泛，但一般仅在局部地区造成严重为害。多发生于烟草成熟期，特别是打顶抹杈之后。一般南方烟区发病重于北方，晾晒烟重于烤烟。病原为欧氏杆菌属胡萝卜软腐欧文氏菌胡萝卜软腐亚种（*Erwinia carotovora* subsp. *carotovora*）。

[症状] 空茎病可以从茎上的任何伤口部位侵入，但最常见的是由打顶造成的伤口处侵染髓部，经髓部向下蔓延。髓部变褐色，呈水渍状软腐，而后髓部组织完全崩解成黏滑状物，很快失

烟草空茎病茎部纵剖面症状

水而干枯消失。病茎内部中空，呈空茎症状。茎外部的一段或大部分变为黑褐色。与此同时，中上部叶片凋萎，叶肉失绿，而后呈大片褐色斑，最后叶肉腐烂，仅留叶脉。病株叶片陆续脱落，常常只留下烟株光秆。病株常因髓部腐烂而有臭味。

烟草空茎病茎端部症状

[发病规律] 病菌在病残体和植物根围土壤中越冬。主要通过雨水、灌溉水及打顶抹杈等农事操作传播，从伤口侵入。影响病害流行的关键因素是降水量和降水日数，排水不良、容易积水的烟田发病较重，且常与青枯病混合发生。

[防治方法]

(1) 避免在十字花科蔬菜为前茬的田块种烟；施用充分腐熟的肥料；发病初期拔除病株，带出田外烧掉；并在拔除病株处撒施生石灰，南方多雨烟区应避免田间积水。

(2) 打顶、抹杈和采收应在晴天露水干后进行，采用氟节胺、二甲戊灵或仲丁灵等药物抑芽。

(3) 严重发病地区可用链霉素200微克／毫升液，每亩用药液75～100千克，在发病期喷施1～2次，或在打顶时涂抹伤口处。

（三）病毒病害

烟草普通花叶病毒病

烟草普通花叶病毒病广泛分布于我国各烟区，是烟草上的主要病毒病害之一。其中黑龙江、吉林、辽宁、山东、河南、安徽、湖北、四川、重庆、贵州、云南、福建、广东等地受害较重。病原为烟草花叶病毒 (*Tobacco mosaic virus*, TMV)。

[**症状**] 该病害由烟草花叶病毒引起，病毒粒体呈杆状，在我国烟草上有4个株系。幼苗感病后，先在新叶上发生"脉明"，以后蔓延至整个叶片，形成黄绿相间的斑驳，几天后形成"花叶"。病叶边缘有时向背面卷曲，叶基松散，有时叶片皱缩扭曲呈畸形，有缺刻，严重时叶尖也可呈鼠尾状或带状。早期发病烟株矮化、生长缓慢。有时出现"花叶灼斑"。在表现花叶的植株中下部叶片常有1～2片叶沿叶脉产生闪电状坏死纹。

烟草普通花叶病毒病花叶症状

烟草普通花叶病毒病造成的
脉明症状

烟草普通花叶病毒病整行发病

烟草普通花叶病毒病整株症状　　　　烟草普通花叶病毒病灼斑

[发病规律]混有病残体的种子、肥料、土壤及其他寄主甚至烤过的烟叶及碎末都可成为初侵染来源，带病烟苗是大田发病的重要侵染源。在田间，病毒主要靠植株之间的接触及农事操作时手、衣服、工具等与感病烟株的接触传毒。TMV流行的主要因素包括：种植感病品种，土壤结构差，苗期及大田期管理水平低，地块连作时间长，施用被TMV污染过的粪肥，天气干旱，烟株早期感病等。

[防治方法]

（1）种植抗病品种。云烟201、云烟202、吉烟9号、辽烟16号、中烟204，中烟90，Coker176、Burley21、TN90等品种对TMV抗性较强。

（2）选用无病种子。

（3）加强苗床管理，培育无病壮苗。苗床要远离菜地、烤房、晾棚等，对苗床土进行消毒。

（4）深翻晒土。不与茄科和十字花科作物间作或轮作。

（5）适当早播、早栽，移栽时要剔除病苗。

（6）加强田间管理，田间操作应从无病区开始。在苗床和大田操作时，应禁止吸烟，手和工具要消毒。专人管理，杜绝闲杂人等进入大棚，特别注意剪叶过程的消毒。

（7）施用抗病毒药剂。较好的抗病毒剂有8%宁南霉素水剂1 600倍液、20%吗胍·乙酸铜可湿性粉剂1 200倍液、8%混脂·硫酸铜水乳剂1 000倍液等，但必须从苗床期开始施用，才能达到一定的防治效果。

烟草黄瓜花叶病毒病

烟草黄瓜花叶病毒病广泛分布于我国各烟区，其中黄淮烟区受害最重，其次为广东、广西、福建、湖南、湖北、四川、陕西等省（自治区、直辖市），为目前我国烟草上的主要病毒病害之一。病原为黄瓜花叶病毒（*Cucumber mosaic virus*，CMV）。

[**症状**] 苗期和大田期均可发病，系统侵染全株发病。发病初期表现"脉明"症状，后逐渐在新叶上表现花叶，病叶变窄，伸直呈拉紧状，叶表面茸毛稀少，失去光泽。有的病叶粗糙、发脆、革质化，叶基部常伸长，两侧叶肉组织变窄、变薄，甚至完全消失。有些病叶边缘向上翻卷，叶尖细长。能引起叶面黄绿相间的斑驳或深黄色疱斑。在中下部叶上常出现沿主、侧脉的褐色坏死斑，或沿叶脉出现对称的深褐色闪电状坏死斑纹。植株有不同程度矮化，根系发育不良，遇干旱或阳光暴晒，极易引起花叶灼斑。

烟草黄瓜花叶病毒病造成的花叶、叶窄、叶边缘上卷

烟草黄瓜花叶病毒病造成的闪电状 烟草黄瓜花叶病毒病造成的叶片畸形
坏死斑纹

[**发病规律**] CMV主要在蔬菜、多年生树木及农田杂草中越冬，可以通过蚜虫和机械接触传播。蚜传在病害流行中起决定性作用。在病害流行过程中，除蚜虫传毒外，病害在烟田中的扩散和加重也和农事操作等有重要关系。该病害的发生流行与寄主、环境和有翅蚜数量关系密切。气象因素的变化常影响蚜虫的活动从而间接影响病害的流行。

[**防治方法**]

（1）选用抗耐病品种。目前推广品种中中烟101、辽烟16、秦烟95等的抗病性均较好。

（2）根据当地气候条件，因地制宜调整移栽期，避开蚜虫的迁飞高峰期。施足基肥，避免偏施、过施氮肥。烟田尽可能远离茄科蔬菜田和瓜田。及时清除田间杂草和毒源植物。

（3）积极治蚜防病，在烟草苗床和大田及时喷药治蚜，减少CMV的传播和蔓延，防治方法参见烟蚜。

（4）实行以烟为主的麦烟套种。利用银灰地膜避蚜防病。

（5）坚持卫生栽培。在苗床和大田操作时，切实做到手和工具用肥皂消毒。田间管理时，先处理健株，后处理病株。尽量减少在烟田反复走动和触摸。

（6）使用抗病毒药剂，参见烟草普通花叶病毒病。

烟草马铃薯Y病毒病

烟草马铃薯Y病毒病广泛分布于我国各产烟区，受害较重的有山东、辽宁、河南、四川等地，近年来在西南烟区逐年加重，已成为我国烟草上的主要病毒病种类。病原为马铃薯Y病毒（*Potato virus Y*，PVY）。

[**症状**] 烟草马铃薯Y病毒病在我国烟草上至少有4个株系，即普通株系、脉坏死株系、点刻条斑株系和茎坏死株系。自幼苗到成株期都可发病，但以大田成株期发病较多。此病为系统侵染，整株发病。PVY普通株系在田间的为害较轻，仅引起花叶及脉带症状。PVY的坏死株系引起叶面、叶脉、茎甚至根系深褐色至黑色的坏死，受害烟株根系发育不良，须根变褐，数量减少。PVY所有株系与TMV、CMV等混合发生时，表现为比上述更为严重的坏死症状。

烟草马铃薯Y病毒病症状

烟草马铃薯Y病毒病引起的叶脉坏死 　　烟草马铃薯Y病毒病引起的叶脉坏死
（背面）　　　　　　　　　　　　　　（正面）

[**发病规律**] PVY在室内易经汁液机械传染，自然条件下主要是靠蚜虫介体传毒。PVY一般在马铃薯块茎及周年栽植的茄科作物（番茄、辣椒等）等寄主植物上越冬，多年生杂草也是PVY的重要宿主，为病害初侵染的主要毒源，田间感病的烟株是大田再侵染的毒源。

影响PVY的发病因素与CMV基本相似。主要受传毒蚜虫、气候因素和烟草生育状况等多方面的影响。目前生产中缺乏抗病品种，气候变暖会影响毒源植物的生长和传毒介体的存活，与蔬菜、马铃薯等作物轮作、邻作都会加重PVY的为害。

[**防治方法**] 参见烟草黄瓜花叶病毒病。

烟草马铃薯X病毒病

烟草马铃薯X病毒病是由马铃薯X病毒引起的一种烟草病毒病，分布于种植马铃薯的各烟区，冷凉地区发生较其他烟区普遍，中国东北、西北、河南、山东及云南等烟区都有烟草马铃薯X病毒病发生的报道。病原为马铃薯X病毒（*Potato virus X*，PVX）

[**症状**] 该病毒侵染烟草所表现的症状，依品种、病毒株系以及环境条件的不同而有很大差异，有些株系虽能侵染烟草，但烟株不表现任何症状；还有些株系在冷凉、多云的条件下，侵染烟

草使叶片呈明脉、轻微花叶症状，继续发展为褪绿斑驳、环斑、坏死性条斑等症状，晴朗天气可减轻明脉、轻微花叶等症状，甚至完全消失；有些株系在高温条件下不表现症状。

烟草马铃薯X病毒病症状

[**发病规律**] 病毒主要靠汁液接触传播，也可由蚱蜢等咀嚼式口器昆虫机械传播。病毒可在马铃薯块茎及其他寄主上越冬。蚜虫和种子不传毒。该病毒可与其他病毒发生复合侵染，烟草黄瓜花叶病毒及普通花叶病毒对此病毒有抑制作用。低温、光照条件不足时，病害加重；天气晴朗、温度升高时，病害症状减轻。

[**防治方法**]

（1）提倡烟区内种植脱毒种薯。

（2）种烟地块应尽量避免和马铃薯、烟草连作和轮作，清除烟田及其周边茄科、苋科、藜科杂草。

（3）烟田应远离马铃薯田，并注意田间操作卫生，减少农事操作中人畜、农具等人为传毒。

（4）喷施康壮素、盐酸吗啉胍等抗病毒剂，对防治烟草马铃薯X病毒病有一定防治效果。

烟草蚀纹病毒病

烟草蚀纹病毒病在我国分布较为普遍，在全国各主产烟区几乎都有发生为害，其中陕西受害最重，其次是云南、四川、安徽、辽宁、广东、贵州等，且其与PVY等病毒复合侵染会引起更为严重的坏死症状。病原为烟草蚀纹病毒(*Tobacco etch virus*，TEV)。

[**症状**] 烟草蚀纹病毒是马铃薯Y病毒属中的一个重要成员，病毒粒体呈稍曲的线状。TEV在我国烟草上有2个株系，即轻症株系（TEV^M）和重症株系（TEV^S）。烟草蚀纹病主要发生在大田期，田间可出现两种症状类型：一种是感病叶片初期出现1～2毫米大小的褪绿小黄点，严重时布满叶面，进而沿细脉扩展，呈浅褐色线状蚀刻症。另一种是初为脉明，进而扩展成蚀刻坏死条纹。两种症状后期叶肉均坏死脱落，仅留主、侧脉骨架。感病植株的茎和根亦可出现干枯条纹或坏死。轻度发病的叶片有

烟草蚀纹病毒病症状

隐症或轻微褪绿脉明，重病株除叶面典型蚀纹症状外，整个株形和叶形亦发生病变，使叶柄拉长，叶片变窄，整株发育迟缓，与健株差异明显。

[**发病规律**] 田间杂草及越冬蔬菜是来年大田的主要病毒来源，在田间主要通过摩擦和蚜虫传播。影响其流行和发生的因素与烟草黄瓜花叶病毒病基本相似。

[**防治方法**] 参见烟草黄瓜花叶病毒病。

烟草环斑病毒病

烟草环斑病毒病在美国、加拿大、英国、俄罗斯、南非、日

本、澳大利亚、新西兰等国有报道。在中国，烟草环斑病毒病分布也较普遍，在山东、河南、台湾、四川、云南、贵州、福建、陕西及东北烟区均有发生，但多为局部小面积发生，为害较轻。病原为烟草环斑病毒（*Tobacco ringspot virus*，TRSV）。

[**症状**] 该病多在烟株叶片上发生，叶脉、叶柄、茎上也可发病。感病烟株在叶片上最初出现褪绿斑，继而形成直径4～6毫米的2～3层同心坏死环斑或弧形波浪线条纹，周围有失绿晕圈。大叶脉上发生的病斑不规则，并沿叶脉和分枝发展呈条纹状，破坏输导组织，造成叶片断裂枯死。叶柄和茎上产生褐色条斑，下陷溃烂。生长后期新生叶及腋芽上面也可出现同心坏死环斑。早期感染的重病株矮化，叶片变小变轻，引起花不育，结实极少或完全不结实。

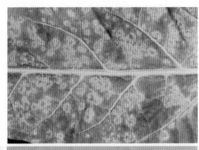

烟草环斑病毒病症状

[**发病规律**] 病毒在多年生寄主及种子或蔬菜、杂草上越冬，来年条件适宜时侵入烟株为害。在田间主要通过病株汁液接触传播，从叶片或根的伤口侵入。烟跳甲、烟蓟马等多种介体均能传毒。

[**防治方法**]

（1）选用无病种子，通过规范化育苗，培育无病壮苗。在种子繁殖田中，剔除病株，严把种子关，可大大减少田间初侵染源。

（2）清除烟田周边杂草，注意烟田卫生，可减少杂草寄主的越冬毒源。

（3）合理轮作倒茬，以小麦、玉米为主的三年轮作制为佳，避免重茬烟，并注意避免与豆科、茄科作物邻作。

（4）移栽大田后5～7天内，喷洒杀蚜药剂和抗病毒剂，既可控制烟蚜的繁殖，又可预防病害的发生。可用抗病毒剂有康壮素、盐酸吗啉胍等。

烟草番茄斑萎病毒病

烟草番茄斑萎病毒病在我国西南烟区发生较为普遍，主要分布于云南、广西、四川、贵州等烟区。近年来，该病害在烟草上的为害有扩大的趋势，在山东、河南、黑龙江等烟区均有发生。病原为番茄斑萎病毒（*Tomato spotted wilt virus*，TSWV）。

[**症状**] 烟草从苗期到成株期均可被番茄斑萎病毒侵染，被害烟株的叶片上可出现各种坏死斑点和斑纹，坏死条纹可沿茎秆发展，在烟株的导管和髓部出现黑色坏死和孔洞。发病烟株矮化，顶芽萎垂或下弯，不对称生长。被害叶片扭曲、皱折或萎蔫，失去烘烤价值。

[**发病规律**] 自然界至少有8种蓟马可以持久性传播该病毒，包括烟蓟马、苜蓿蓟马等。蓟马若虫获毒，成虫不能获毒，但只有成虫才能传毒，有的可以终生带毒，但不能把病毒传给子代。病毒可以通过汁液传播，种子也可带毒，千里光属植物和番茄种子带毒率可达96%，但仅发现1%具有感染性，研究表明病毒存在于外种皮上而不在胚内。番茄斑萎病毒可在许多蔬菜、花卉和多年生杂草上越冬。初春的蓟马若虫在毒源植物上获毒后，成虫迁飞到烟田即可传播病毒。此病发生流行的因素主要有：①毒源植物的数量及距离。②传毒介体在烟田为害的种群数量。③气候条件。若冬、春季节雨水多，气温低，使越冬蓟马种群数量骤减，则病害发生较轻。若烟草生长初期高温、干旱，可加快烟田蓟马的繁殖和迁飞，病害发生重。烟草苗期感染发病重。田间发病最适温度

为25℃，超过35℃或低于12℃时均不表现症状。

[**防治方法**] 应以防治传毒介体蓟马为主。

（1）消灭越冬虫源。铲除植物残体、杂草。

（2）减少春季虫源。春季要及时防治早春作物如葱、蒜、莴苣等作物上的蓟马。

（3）药剂防治。可选用5%啶虫脒乳油1 000倍液、2.5%印楝素乳油1 500倍液等药剂防治传毒介体昆虫。

此外，铲除田边杂草、培育无病壮苗、及时拔除病株、烟田远离蔬菜地等都是重要的防病措施。

烟草番茄斑萎病毒侵染烟苗

烟草番茄斑萎病毒侵染烟草茎秆

烟草番茄斑萎病毒病整株症状

烟草甜菜曲顶病毒病

烟草甜菜曲顶病毒病分布较广，在美国、巴西已成为较重要的烟草病害。我国山东、安徽、陕西、黑龙江等地有零星发生，在山东有的年份个别田块发病株占10%以上。病原为甜菜曲顶病毒（*Beet curly-top virus*，BCTV）。

[症状] 发病初期新生叶明脉，之后叶尖、叶缘向外反卷，节间缩短，大量增生侧芽，叶片浓绿，质地变脆，中上部叶片皱褶，叶脉生长受阻，叶肉突起，呈泡状，整个叶片反卷，呈钩状。下部叶往往正常。病株严重矮化，比健株矮1/2～1/3，重者顶芽呈僵顶，后逐渐枯死。烟草生长后期发病，仅顶叶卷曲，呈"菊花顶"状，下部叶仍可采收。

烟草甜菜曲顶病毒病整株症状

[发病规律] 烟草甜菜曲顶病毒是一种双球体病毒，主要由叶蝉传播，也可通过嫁接、菟丝子传播，但机械接种传播困难。病毒在多年生寄主植株体上越冬，并可在单个叶蝉体内存活85天以上。病毒的为害程度与叶蝉迁入量、越冬量及春季繁殖量有关。烟株受害程度受到寄主的种类、数量、汁液含量的影响。低温、弱光及干燥等条件将推迟病害症状的出现。

[防治方法] 由于幼苗最易感染BCTV，应采取多种措施保护烟苗不受侵染。

（1）拔除病株。

（2）用防虫网覆盖苗床驱避介体昆虫。

（3）使用杀虫剂防治叶蝉，可用2.5%高效氯氟氰菊酯乳油2 000倍液或90%灭多威可溶性粉剂3 000倍液等药剂进行防治。

（4）移苗后立即翻耕苗床。

（5）铲除苗床附近杂草，控制其进一步扩大蔓延。

烟草曲叶病毒病

烟草曲叶病毒病是由烟草曲叶病毒侵染引起的一种病毒病害，在我国广西、福建、云南、广东、贵州、吉林、黑龙江、台湾等地均有发生，以云南、广西等地的局部地区为害较重。病原为烟草曲叶病毒(*Tobacco leaf curl virus*，TLCV)。

[**症状**] 烟草曲叶病毒病又称烟草卷叶病。发病初期，顶部嫩叶微卷，后卷曲加重，叶背增厚，叶色深绿，叶缘反卷，叶脉黑绿，叶硬而脆，叶脉生耳状突起。重病者叶柄、主脉、茎秆扭曲畸形。烟株发病早，常矮化严重、枝叶丛生。

烟草曲叶病毒病耳状突起

烟草曲叶病毒病症状

[**发病规律**] 烟草曲叶病毒寄主广泛，主要有烟草、番茄、曼陀罗、忍冬等。该病毒通过烟粉虱传播，汁液摩擦和菟丝子不能传毒，但嫁接可传毒。留在田间的染病枝杈和自生烟、番茄等带

毒植物经粉虱吸食后，迁飞到烟田传毒。粉虱传毒方式为非持久性传毒，吸食24～48小时就能带毒，带毒粉虱在烟株上吸食2～10分钟即可完成接毒过程，接毒后的显症时间与温度有直接关系，30℃左右显症最快。烟草曲叶病毒病的发生和流行与粉虱活动关系密切，高温干旱，粉虱活动猖獗，曲叶病重，雨季则发病轻。烟叶收获后留有烟秆的地块次年发病重。

[**防治方法**]

（1）选种抗病虫品种。

（2）选用无病壮苗，剔除病苗。铲除烟田周围毒源植物。烟叶收获后，及时清除烟杈和自生烟。合理布局，不与茄科植物间作或套作。

（3）治虫防病。防治烟粉虱时可用击倒性较强的药剂，应大面积连片统防统治，统一进行，否则达不到理想的防治效果。可选用的药剂有：25%噻嗪酮可湿性粉剂2 000～3 000倍液、3%啶虫脒乳油1 500倍液等。

烟 草 丛 顶 病

烟草丛顶病于1993年在云南保山首次大面积暴发，对我国的烟草生产造成了严重威胁。该病害主要分布于西南烟区，包括云南的保山、大理、楚雄和四川的攀枝花等，由烟草丛顶病毒（*Tobacco bushy top virus*，TBTV）及烟草扭脉病毒（*Tobacco vein-distorting virus*，TVDV）复合侵染引起。

[**症状**] 烟草丛顶病为系统性侵染病害，烟草整个生育期均可感染。发病主要症状表现为：腋芽过度生长，产生许多过细的枝条和脆弱的叶子，花小但能正常结籽，苗期感染导致严重矮化和畸形。烟草扭脉病毒单独侵染的烟草心叶顶端向右弯曲，随后这些症状消失而只能观察到部分叶脉轻微扭曲，未观察到丛顶症状。烟草丛顶病在品种K326上表现的主要症状为：叶片先出现淡褐色蚀点斑并发展成坏死斑，随后新生叶坏死症状减轻，逐渐变小变圆并褪绿或黄化；有时可见叶面皱缩，产生疱斑，叶缘向背后翻

卷；顶端优势丧失，腋芽比健株提早萌发，植株矮缩，生长缓慢，株形成为密生小叶、小枝的丛枝状塔形；苗期感病的烟株严重矮缩且不会开花，团棵期和旺长期后发病的烟株也明显比健株矮小，但可正常开花结实。

烟草丛顶病毒病症状

[发病规律] 烟草丛顶病毒在田间主要靠蚜虫进行传播，烟草扭脉病毒即为烟草丛顶病毒进行蚜虫传播的辅助病毒。

对云南烟草丛顶病的研究结果表明，病害可以通过汁液摩擦、菟丝子、嫁接及蚜虫传播，不经病土、病残体和种子等途径传播，摩擦接种发病的烟株不能再经蚜虫传播。对田间自然发病、摩擦接种和蚜虫传毒发病的植株进行的检测，结果从所有发病的植株中都可以检测到烟草丛顶病毒，而烟草扭脉病毒只能从田间的自然发病株及蚜虫传毒株中检测到，表明烟草扭脉病毒只能通过介体昆虫传播而不能通过机械摩擦接种传播；由于摩擦接种发病的烟株不能再经蚜虫传播，说明在没有烟草扭脉病毒的帮助下，单独的烟草丛顶病毒不能通过蚜虫传播。病株粗汁液摩擦接种试验结果表明，烟草丛顶病毒的钝化温度为68～70℃，稀释限点为10^{-5}～10^{-4}倍，体外保毒期为6～7天，保存于病叶中的烟草丛顶病毒在-70℃下放置36个月后仍具侵染性。蚜虫获取烟草丛顶病毒和烟草扭脉病毒的最短时间为1小时，最短传毒时间为2分钟，蚜虫的传毒持久期在9天以上，无翅蚜、有翅蚜均可传毒，新生胎蚜不传毒；烟草丛顶病毒的寄主范围较窄，局限于茄科，仅侵染曼陀罗、辣椒、假酸浆和所有测试的烟属植物，未发现枯斑寄主。由于很难获得单独的烟草扭脉病毒，除与烟草丛顶病毒复合侵染外，目前尚不清楚烟草扭脉病毒的生物学特性。

[**防治方法**] 由于蚜虫是烟草丛顶病的主要传播介体，生产上主要采取"预防为主，治（避）虫防病"的综合防治措施，以防治媒介昆虫、培育无毒烟苗、控制大田流行为主，其次从保健栽培、淘汰病苗入手，通过控制传播源、切断传播途径和增强烟株抗病性，达到有效防治病害的目的。津巴布韦还采用立法的形式，通过法律、法规规划移栽节令，避开蚜虫传播高峰期，减少蚜虫传播。通过以上综合防治措施的推广应用，目前烟草丛顶病已得到有效控制。

（四）线虫病害

烟草根结线虫病

烟草根结线虫病是我国烟草上的主要病害之一，除黑龙江、吉林等省外，几乎各主要植烟省（自治区、直辖市）均有发生，发生较重的有云南、四川、重庆、河南、广西、湖南、湖北及山东等，且有继续加重的趋势。在我国为害烟草的根结线虫主要有南方根结线虫（*Meloidogyne incognita*）、花生根结线虫（*M. arenaria*）、爪哇根结线虫（*M. javanica*）、北方根结线虫（*M. hapla*）等。

[**症状**] 从苗床期至大田生长期均可发生，苗床期植株地上部分一般无明显症状，至移栽前，幼苗根部有少量米粒大小的根结，须根稀少；大田生长期先从下部叶片的叶尖、叶缘开始，至整株叶片由下而上逐渐变黄色，生长缓慢，高矮不齐。拔起病根可见大小不等的根结，须根稀少。许多根结相连，呈鸡爪状。土壤湿度大时，根系腐烂。

[**发病规律**] 干旱年份根结线虫病重，多雨年份轻；土质疏松、通气性好的沙壤土发病重，黏重土壤发病轻；春季温度回升

快时发病重。

[防治方法]

（1）选用抗病品种，NC95、G80、NC89、K326、G28等抗性均较好。

（2）合理轮作，一般以禾本科作物及棉花等轮作为宜。

（3）培育无病壮苗，采用威百亩熏蒸苗床，清除病残体和田间杂草。

（4）每亩用15%涕灭威颗粒剂800～1 000克等，在烟草移栽时穴施在烟株附近，注意涕灭威在防治根结线虫时只限在山东、山西、河南、河北、新疆等产区使用。25%阿维·丁硫水乳剂2 500倍液、每亩使用2.5亿个孢子/克厚孢轮枝菌微粒剂1 500克、每亩使用0.5%阿维菌素颗粒剂3 000克对根结线虫均有很好的效果。

烟草根结线虫病地上部症状——叶缘干枯

（赵洪海 提供）

烟草根结线虫大田为害状
（赵洪海 提供）

烟草根结线虫为害根系形成根结
（赵洪海 提供）

烟草胞囊线虫病

烟草胞囊线虫病目前仅在山东及河南部分烟区发生，但发生区域有扩大的趋势，应引起重视。病原为胞囊线虫（*Heterodera tabacum*）。

[症状] 烟草胞囊线虫病在苗期即可发生，造成烟苗发黄弱小。主要在成株期出现症状，病株地上部分矮化，逐渐枯萎，叶片细小，叶缘、叶尖呈深褐色干枯，大多数向下勾卷，根系不发达或粗细不匀，不舒展或部分坏死。小根尖呈弯曲状。病株较正常株绿色加深，花期推迟，叶片成熟慢。仔细观察可在根上发现有直径0.5毫米左右的白色或褐色的球形颗粒，即胞囊线虫雌虫。

烟草胞囊线虫病症状　　　　　烟草胞囊线虫为害根系（示胞囊）

[发病规律] 烟草胞囊线虫以卵在卵囊中越冬，卵及卵囊可在土壤中存活数年。在田间，烟草胞囊线虫主要通过土壤、流水、病苗、带病粪肥进行传播。土壤温度17～28℃，土壤湿度60%～80%时，有利于病害发生，通气良好的沙土及沙壤土烟田病重，连作烟田病重。

[**防治方法**] 主要以农业控病技术结合药剂进行综合防治。一般防治烟草根结线虫的措施也能有效地防治胞囊线虫病。常用的杀线虫剂对于胞囊线虫病均有一定效果，由于胞囊线虫抗药性较强，在施用时要适当加大用药量。

（五）寄生性种子植物

菟　丝　子

烟草苗床期和大田期均可受到菟丝子的为害。我国河南、四川、山东、安徽、辽宁、吉林、黑龙江等烟区有菟丝子寄生烟草的记载。在我国为害烟草的主要有中国菟丝子（*Cuscuta chinesis*）和日本菟丝子（*Cuscuta japonica*）。

[**为害状**] 菟丝子以其黄色藤状细丝攀绕烟苗，可连续缠绕、互相交织，使一片烟苗连绕在一起，从而使烟苗倒伏。受害烟苗弱小，成活率低。菟丝子为害成株期烟草也是以其黄色藤状细丝攀绕烟株茎部和叶柄，受害烟株稍矮，叶片较小、较薄。

[**形态特征**] 在我国为害烟草的菟丝子种类主要是中国菟丝子，其次是日本菟丝子。均为全寄生性种子植物，属旋花科菟丝子属。菟丝子茎黄色或黄白色，纤细，直径约1毫米，无叶片，

菟丝子寄生成熟期烟株

菟丝子寄生团棵期烟株

开黄白色小花，簇生，花柱2个，柱头球状，蒴果球形，有种子2～4个。种子卵形或南瓜子形，淡黄褐色至褐色，表面粗糙，有白霜状突起，每株可产种子3 000余粒。

[发病规律] 菟丝子种子在适宜条件下发芽，种胚一端形成无色或黄白色细丝，以棍棒状的粗大部分固定在土粒上，另一端也形成细丝状的幼芽，这种幼芽在空中来回旋转，遇到适当的寄主就可缠绕其上，并形成吸根伸入寄主吸取水分和营养，固定在土粒上的膨大部分枯萎死亡。菟丝子茎延伸生长很快，四处攀附缠绕寄主，并生出吸根侵入寄主，成熟后菟丝子开花结实，种子脱落于土壤中，来年再为害烟草，或混杂于烟种子中，随烟种子传播。菟丝子种子在土壤中可存活5～8年。

[防治方法]

（1）轮作。应和禾本科作物轮作，不宜和大豆等易遭受菟丝子为害的作物轮作。

（2）精选种子。在留种田必需彻底清除菟丝子，单打单收，以免混杂。

（3）苗床消毒。苗床可用35%威百亩水剂进行熏蒸。

（4）及早摘除。早期发现后即摘除，摘除的菟丝子必需深埋或烧毁，因其任何一段均可再生继续为害。

（5）药剂防治。发生严重时可用48%仲丁灵乳油进行茎、叶喷雾。

列　当

列当是为害烟草的最重要的寄生性种子植物，在世界各国均有发生。我国西北、华北、东北都发现列当为害烟草，其中以新疆、河北、内蒙古、辽宁等部分烟区受害较重。列当是一种恶性寄生性种子植物，一株烟草可受到30～40株列当的为害，寄生率高达30%以上。在我国为害烟草的列当主要为向日葵列当（*Orobanche cumana*）、瓜列当（*O. aegyptiaca*）等。

[**为害状**] 烟株早期受害，植株矮化、瘦弱，严重时整株萎蔫、枯死。烟株中后期被寄生，产量损失较小，品质显著下降。受害烟株周围可见肉质、白色至黄色或紫色的列当。

[**形态特征**] 列当属于寄生性种子植物。列当的茎单生或分枝，茎肉质，白色、苍白色、浅黄色或紫褐色。叶片退化成鳞片状，

不同生育期的列当

寄生在烟田中的列当

列当花序

列当寄生烟株根系

无叶绿素，螺旋状排列在花茎上，黄褐色，枯死时呈褐色至深褐色。穗状花序，花白色、淡黄色至淡紫色。蒴果球状，种子黑褐色，卵圆形，细小，表面有网状花纹。列当对烟草的为害程度取决于其开始寄生烟草的时期。

[**发病规律**] 列当以种子繁殖，成熟后散落于土壤中越冬，成为翌年的主要初侵染来源，在无寄主的条件下，列当种子在土壤中可存活多年，混在各种作物种子或农家肥中的列当种子也是初侵染来源之一。列当种子借风雨及人畜、农具附着等传播。

[**防治方法**]

（1）加强检疫，不得从疫区调运列当各种寄主的种子，以防其传播扩散。

（2）实行与禾本科等非寄主作物轮作，或与三叶草、苜蓿、高粱等能刺激列当种子发芽而又不受害的作物进行轮作。

（3）在开花前及时拔除列当。

（4）化学防治。在移栽前施用精异丙甲草胺或氟乐灵等除草剂进行土壤处理，可减轻列当为害。

（六）不适宜气候病害

烟草气候性斑点病

[**症状**] 因烟草生育期、气候及品种的不同，有白斑、褐斑、环斑、尘灰、褐点等多种类型，其中以白斑型最为常见。白斑型发生于团棵期后中下部已充分伸展的叶片上。病斑圆形至不规则形，大小1～3毫米。初为水渍状，后变褐色，再变白色。病斑中心坏死、下陷，甚至穿孔。褐斑型与白斑型相似，仅褐变后不再变白色。褐点型病斑中心不明显。环斑型色泽也有白色和褐色，但这些白斑和褐斑常间断地组成1～3个环状斑。尘灰型叶片密生较小斑点。不论何种类型，病斑均不透明，也无黑点或灰色霉状物。

[**发病规律**] 烟草叶片快速生长至近成熟期，若冷空气来袭，引起连续低温、多雨、日照少，土壤水分含量高，烟草叶片细胞间隙充满水分，气孔张开，雨后骤晴，病害便可能大发生。烟株感染病毒病害后，气候性斑点病特别严重。不同品种对气候性斑点病抗性也有较大差异。

[**防治方法**]

（1）选用抗耐病品种。

（2）施足基肥，及时追肥，适当控制氮肥，按1∶1∶2至1∶2∶3配施氮磷钾肥。

（3）及时中耕除草，增加田间通风透光度。

（4）药剂防治。从团棵期起，可用波尔多液300倍液、65%代森锌可湿性粉剂500倍液、50%甲基硫菌灵可湿性粉剂700倍液等喷雾，每7～10天1次，连喷2～3次；乙撑双脲（ETU）每亩喷施200～250克，连喷3次可获得显著防效。

（5）控制空气污染，保护环境。

烟草气候性斑点病白斑型症状

烟草气候性斑点病初期症状

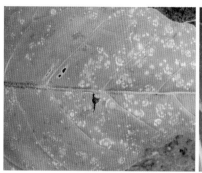

烟草气候性斑点病褐斑型症状

烟草气候性斑点病环斑型症状　　　烟草气候性斑点病尖斑型症状

（七）营养失调症

氮素营养失调症

[症状]

（1）缺氮症状。在大田条件下，氮素是一种最常见的易缺乏的营养元素，从幼苗至成熟期的任何生长阶段都可能出现氮素的缺乏症状。烟草早期缺氮，下部老叶颜色变淡，呈黄色或黄绿色，并逐步向中上部叶扩展，后期烟株出现早花、早衰。严重缺氮时，烟株生长缓慢，植株矮小、节间短、叶小面薄，下部叶呈淡棕色，似火烧状，并逐渐干枯脱落。缺氮烟叶烤后叶薄色淡、油性差，(内在)化学成分不协调，品质不佳。

烟草缺氮症状

(2) 氮过量症状。植株生长迅速，叶片肥大而粗糙，含水量大，组织疏松，叶片深绿，烟叶工艺成熟期推迟，不能适时成熟落黄，叶片烘烤时易发生"黑曝"，使烟叶品质下降。

[**缺氮诊断**] 一般从以下几个方面进行缺氮症状的早期田间识别：第一，考察烟田土壤墒情。若水分充足，说明是营养不足引起。若土壤干旱，则先补水，然后观察症状变化。第二，仔细观察叶片症状的发生部位，如果缺氮，先从烟株下部叶开始，颜色逐渐变淡，呈黄色或黄绿色。第三，在症状的发生部位不明显时，可先少量补充速效氮肥，观察烟株有无明显变化。

[**防治方法**]

(1) 选用适宜的氮肥形态，合理搭配，硝态氮肥是烤烟理想的氮肥形态，烟株吸收快、发棵早、前期生长好。但由于硝态氮不被土壤胶体所吸附，故在雨量大的年份常有脱肥现象，所以除施用硝态氮肥外，还要配用一部分铵态氮肥等，能更好地发挥肥效。缺氮时，每亩可施用硝酸铵10 ～ 15千克。

(2) 依据土壤供氮情况增施化学氮肥。在南方雨量偏多地区氮肥容易流失，用量要相应提高。

（3）增施氮肥的同时，要配施适宜的磷、钾肥，以均衡供应烟株养分。

磷素营养失调症

[症状]

（1）缺磷症状。烟株生长缓慢，烟株矮小、瘦弱，根系发育不良，根系量少，叶片较狭长而直立，茎、叶夹角变小。轻度缺磷时烟叶呈暗绿色，缺乏光泽，严重缺磷时下部叶片出现一些小的白色斑点，后变为红褐色，连片后叶片枯焦。调制后烟叶呈深棕色，油分少，无光泽，柔韧性差，易破损。

烟草缺磷症状

（2）磷过量症状。由于磷肥的利用率很低，生产上过量的情况很少见。磷素过量时，会增强烟株的呼吸作用，消耗大量糖分及能量，因而烟株矮小，节间过短，叶片肥厚密集，叶脉突出，组织粗糙，烘烤后烟叶缺乏弹性及油分，易破碎，质量较差。此外，磷吸收过多会减少烟株对锌、铁、锰的吸收，诱发这些元素的营养失调。

[缺磷诊断] 生产上一般通过观察烟株长势、叶片形状和茎、

叶角度是否正常，下部叶有无白色斑点来判断是否缺磷。第一，在其他生产条件正常的前提下，观察烟株生长是否缓慢，茎是否细而矮小。第二，观察下部叶片是否狭长，茎、叶夹角是否变小、呈直立状。第三，观察叶片颜色是否偏深、呈现暗绿色。第四，观察下部叶片有无白色斑点。

[防治方法] 缺磷时，可叶面喷施1%～2%过磷酸钙溶液。

钾素营养失调症

[症状]

（1）缺钾症状。首先是下部叶的叶尖、叶缘处出现浅绿色或者杂色斑点，斑点中心部分随即死亡；病斑继续扩大，许多坏死

烟草缺钾症状

斑连接成片，即"焦尖"、"焦边"，随后穿孔，叶片残破。严重时，整个叶片受害而枯落。其次，叶尖和叶缘组织停止生长，而内部组织继续生长，致使叶尖和外缘卷曲，叶片下垂。缺钾的症状往往从下部叶片开始表现出来，然后向腰叶、上部叶发展，但顶芽和幼叶可以维持正常生长。除此之外，缺钾的烟叶调制后组织粗糙，叶面发皱，而且燃烧性差。

（2）钾过量症状。一般认为，钾素过量对烟叶产量和品质不会产生明显的不良影响，但会增加烟叶原生质的渗透性，使烤后的烟叶吸水量增大，易于霉变，不耐储藏。

[**缺钾诊断**] 生产上通常根据叶部症状判断烟株是否缺钾，即观察叶尖和叶缘是否卷曲，叶片是否下垂，有无缺绿斑点或"焦尖"、"焦边"，甚至叶缘穿孔、残破。此外，由于烟株缺钾症状与发生根结线虫病的烟株地上部表现相似，在田间识别时，应首先拔起烟株，观察其根部是否有线虫引起的根结。当排除根结线虫病以后，才可判断为烟株缺钾。

[**防治方法**] 一般施氮肥过重，会加重缺钾症状。应控制氮肥施用量，可根据实际需要及时追施钾肥，每亩施入草木灰200千克或硫酸钾10千克，中后期可叶面喷施2%磷酸二氢钾或2.5%硫酸钾溶液。

镁素营养失调症

[**症状**] 当烟叶镁含量在干物质中小于或等丁0.2%时，烟株即表现缺镁症状。缺镁症状通常在烟株长得较高大、生长速度较为迅速时出现，特别易发生在多雨季节的沙质土壤上，且在旺长期最为明显。缺镁时叶绿素的合成受阻，分解加速，同时叶绿素的含量降低，因而使光合作用强度降低。由于镁是叶绿素分子的组成成分之一，且在烟株体内易流动，所以缺镁时在烟株的最下部叶片的尖端和边缘以及叶脉间失去正常的绿色，其色度可由淡绿色至近乎白色，随后向叶基部及中央扩展，但叶脉仍保持正常的绿色，使叶片呈网状，即使在极端缺镁的情况下，下部叶片已几

乎变为白色时，叶片也很少干枯或形成坏死的斑点。缺镁会引起烟叶糖分、淀粉减少，有机酸增加，(内在)化学成分失衡。即使轻度缺镁，也会对烟叶产量和品质产生明显影响。缺镁的烟叶调制后颜色深而不规则，叶片薄，缺乏弹性。

烟草缺镁症状

[**缺镁诊断**] 主要观察叶脉与叶脉之间颜色的变化。缺镁症状易与缺钾、缺铁症状混淆，需注意鉴别。缺铁出现在上部新叶，缺镁出现在中下部叶。缺镁褪绿常倾向于白化，而缺钾为黄化，组织坏死。除此之外，由于缺镁症状大多在生长发育中后期发生，因而易与生理衰老混淆，衰老时叶片均匀发黄，而缺镁则叶脉绿，

叶肉黄，且在较长时期内保持鲜活，不脱落。

[防治方法] 烟草是需镁素较多的作物，在交换性镁含量少的土壤中，要及时补充镁肥，一般以硫酸镁为宜，缺镁时，可用0.2%～0.5%的硫酸镁溶液进行2～3次叶面喷施，或每亩穴施硫酸镁10～15千克。用铵态氮肥时，可能诱发缺镁，因此在缺镁的土壤上最好要控制铵态氮肥的施用量，并配合施用硝态氮肥。

铁素营养失调症

[症状]

（1）缺铁症状。①出现网纹状叶片，即叶片明显缺绿变黄，

烟草缺铁症状

但叶脉保持绿色。②一般从顶部的嫩叶开始出现症状，而下部的老叶则仍保持正常状态。一般依据"网纹状"叶片判定缺铁症状，同时，依据烟株下部叶一般无症状的特点，同缺锰症状进行区别。

（2）铁过量症状。铁过量易引起中毒症状，在中下部叶片的叶尖部位形成灰色斑点（烤烟）、紫色胶膜及深褐色斑点（雪茄包皮烟）。

[防治方法] 对于缺铁的烟株，要补充施用铁肥以缓解症状。铁肥有两大类，一类是无机铁肥，另一类是有机铁肥。常用的无机铁肥品种是硫酸亚铁，此肥溶于水，但极易氧化，由绿色变成铁锈色而失效，所以应密闭储存。常用的有机铁肥品种是有机络合态铁，采用叶面喷施是很好的矫正缺铁失绿的方法。硫酸亚铁或有机络合态铁均可配成0.5%～1%的溶液进行叶面喷施，由于铁在烟株体内移动性较差，叶面喷施时喷到的部位叶色较绿，而未喷到的部位仍为黄色，所以喷施时要均匀，且要连续喷2～3次（每隔5～7天喷1次），叶片老化后喷施效果较差。

硼素营养失调症

[症状]

（1）缺硼症状。缺硼烟株矮小、瘦弱，生长迟缓或停止，生长点坏死，停止向上生长，顶部的幼叶呈淡绿色，基部呈灰白色，继而幼叶基部组织发生溃烂，幼叶卷曲畸形，叶片肥厚、粗糙，失去柔软性，上部叶片从尖端向基部作半圆式的卷曲，并且变得硬脆，其主脉或支脉易折断，维管束变深褐色，同时主根及侧根的伸长受抑制，甚至停止生长，使根系呈短粗丛枝状黄棕色枯萎。

烟草缺硼生长点坏死

烟草缺硼症状

（2）硼过量症状。硼素过多会引起烟株中毒，其表现为叶缘出现黄褐色斑点，后叶脉间出现失绿斑块，叶片枯死凋落，也影响根尖分生组织分化与伸长。

[防治方法]

（1）缺硼土壤种植烟草时要增施硼肥。用作硼肥的有硼砂、硼酸，作基肥时用量为0.5～1千克/亩，喷施浓度为0.1%～0.2%。这两种硼肥溶解情况不一样，硼砂溶解慢，喷施时应先用热水溶解，再对足量的水施用，由于烟草含硼适宜范围狭窄，适量与过剩的界限很接近，且极易过量，所以用量宜严格控制。

（2）土壤干燥是促使缺硼的因素，故遇到天气长期干旱时应及时灌水。

锰素营养失调症

[症状]

（1）缺锰症状。一般表现为新生叶叶色褪绿，脉间变成淡绿色至黄白色，而叶脉与叶脉附近仍保持绿色，脉纹较清晰，叶片易变软下垂。严重缺锰时，叶脉间出现黄褐色小斑点，进而斑点增多扩大，布及整个叶片，使烟株矮化，茎细长，叶片狭窄，叶尖、叶缘枯焦卷曲。

烟草缺锰症状

（2）锰过量症状。当锰过量时，可能出现锰中毒。烘烤后的烟叶形成细小的黑色或黑褐色煤灰样的小斑点，沿叶脉处排布，使叶片外观呈灰色至黑褐色，烟叶品质严重降低；中毒症状大多发生在中下部叶片。

[**防治方法**] 烟草是需锰量较多又较敏感的作物，当土壤中有效锰低水平供应时，需要补充锰肥。

（1）作为大田基肥，用1千克/亩硫酸锰与干细土或有机肥、酸性肥混合后施用，可以减少土壤对锰的固定，提高锰肥肥效。

（2）根外追肥，叶面喷施硫酸锰是预防烟草缺锰常用的方法，通常配成0.1%～0.2%浓度的溶液，喷施2～3次，每次间隔7～10天，用液量30～50千克/亩，但必须严格控制用量，以免锰中毒抑制生长。

（3）在南方稻烟轮作地块，对排水晾干后的稻田，土壤处于好气条件下，锰呈四价，其有效性下降，要及时诊断，便于补施锰肥。

锌素营养失调症

[**症状**] 烟草缺锌症状常发生在生长初期，表现为植株矮小，节间缩短，顶叶丛生，叶面皱折，叶面扩展受阻，叶片变小、畸形，叶脉间褪绿呈现失绿条纹或花白叶，并有黄斑出现，严重缺锌烟株的下部叶片脉间出现大而不规则的枯褐斑，枯斑先从下部叶片叶尖开始出现，呈水渍状，而后逐渐扩大，同时组织坏死。有时沿叶缘出现"晕轮"。

[**防治方法**]

（1）石灰性土壤有

烟草缺锌症状

效锌<0.5微克/克，酸性土壤有效锌<1微克/克，都要补施锌肥予以矫正。锌肥品种很多，硫酸锌最为常用，施用方法可采用基肥施入。大田生长期发现缺锌症状，可采用叶面喷施方法补给，锌肥用量随各种施用方法而不同，基肥用量为1～1.5千克/亩的硫酸锌，喷施可用0.1%～0.2%浓度的硫酸锌水溶液，用量50千克/亩，喷2～3次，每隔1周喷1次。

（2）根据土壤中磷素供应的情况适量施用磷肥，不能盲目多施，以防磷、锌间的拮抗作用而诱发缺锌。

钼素营养失调症

[**症状**] 缺钼的烟株较瘦弱，茎秆细长，缺钼症状往往先出现在中下部叶片，呈黄绿色，叶片变小且厚，呈狭长形，叶面有坏死的斑点，叶间距比正常烟株的叶片大。严重缺钼时叶片边缘向上卷曲，呈杯状。

[**缺钼诊断**]

（1）形态诊断。外部症状如上述，由于缺钼表现与缺氮症状相似，当难以判断时可结合土壤分析诊断进一步加以确诊。

烟草缺钼症状

（2）土壤诊断。土壤有效钼含量是判断钼营养丰缺较好的指标，采用pH3.3的草酸—草酸铵溶液浸提，用催化极谱法测定，土壤有效钼与钼营养水平的关系是小于0.1微克／克，钼含量很低；0.1～0.15微克／克，钼含量低；0.15～0.20微克／克，钼含量中等；0.2～0.3微克／克，钼含量丰富；大于0.3微克／克，钼含量很丰富。作物叶片中钼含量小于0.1微克／克时，就可能出现缺钼症状。

[**防治方法**] 当土壤有效钼含量在0.15微克／克时，为缺钼的临界值，此时要补施钼肥加以预防。钼酸铵和钼酸钠是常用的钼肥，效果相当，基肥为每亩用量10克，拌细土10千克，拌匀后施用，也可采用叶面喷施，通常将钼酸铵或钼酸钠用少量热水(50℃)溶解，然后配制成0.01%～0.1%的溶液，喷1～2次，每亩每次用量为50千克。

钙素营养失调症

[**症状**] 钙在植物体内很难移动，因此缺钙首先在新叶、顶芽及新根上出现症状。嫩叶卷曲、畸形，向下弯曲，叶尖端及边缘开始枯腐、死亡，停止生长，在叶片没有完全枯死之前呈扇形，同时卷曲，较老的叶片虽可保持正常形态，但叶片变厚，有时也会出现一些枯死斑点，在钙严重缺乏时顶芽可能枯死，在其枯死后，叶腋间长出的侧枝及顶芽也同样会出现缺钙症状。

烟草缺钙症状

缺钙烟草植株的心叶

缺钙烟草植株的腋芽

[缺钙诊断]

（1）形态诊断。缺钙形态症状如上。缺钙与缺硼的某些症状相似，容易混淆，但缺硼叶片及叶柄变厚、变粗而脆，内部常生褐色物质，维管束变深褐色，而缺钙无此症状。植株诊断，在干烟叶中含钙1.30%～2.30%或以下时为钙缺乏，含钙3.5%～4.0%为中量，含钙5.8%以上为高量。

（2）土壤诊断。以交换性钙为指标，一般认为交换性钙每克土壤小于0.05～0.06毫克时，烟株可能缺钙。

[防治方法] 在酸性土壤中施用石灰，强酸性土壤（pH4.5～5.0）每亩施石灰50～150千克，酸性土壤（pH6.0）每亩施石灰25～50千克；碱性土壤施石膏，一般每亩施石膏25～30千克。

硫素营养失调症

[症状] 硫素在烟草营养中的作用与氮、磷、钾同样重要，缺硫症状首先在嫩叶及生长点上表现出来，即嫩芽及上部新叶失绿发黄，叶脉也明显失绿，叶面呈均匀的淡绿至黄色，一般上淡下绿。随后黄化症状逐渐向老叶发展，直至全株，叶尖下卷，叶面有时有突起的泡斑。烟株后期缺硫症状，除上中部叶片失绿黄化外，还会出现下部叶片早衰。

烟草缺硫症状

[**缺硫诊断**]

（1）形态诊断。烟株一般为均匀褪绿、黄化，与缺氮症状相似，易混淆，但缺硫症状幼叶较老叶明显，而缺氮则老叶重于新叶。植株诊断用无机态硫作为指标，但为了方便，一般以氮硫比值作为硫营养状况的指标，当氮硫比值＞15时就易出现缺硫症状。

（2）土壤诊断。一般是以土壤有效硫作为诊断指标，其缺硫土壤有效硫临界范围为10～15微克／克。

[**防治方法**] 可施硫酸钾、硫酸锌等硫酸盐或过磷酸钙、石膏等。施了上述含硫肥料以后，一般不需再补施硫素；温暖湿润地区有机质少时，增施硫肥，一般可用石膏和硫黄，硫黄必须作基肥用，下一年可以不再施硫。

铜素营养失调症

[**症状**] 缺铜烟株矮小，生长迟缓，顶部新叶失绿，沿主脉及叶肉组织出现水泡状黄白斑点，呈透明状，无明显坏死斑，连片后呈白色，最后干枯呈烧焦状，易破碎；上部叶片常形成永久性凋萎。土壤中铜达到150～200微克／克为正常，高于200微克／克就可能出现毒害，而小于4微克／克时就可能出现缺铜症状，在我国烟草缺铜现象较少。

烟草缺铜症状

[**防治方法**] 只有在确实缺铜的土壤中才可施用铜肥，如南方发育于花岗岩的赤红壤，红壤及沼泽泥炭土、冷浸田和北方烟区的楼土、黄绵土等有时易出现缺铜。常用的铜肥品种为硫酸铜，作基肥每亩用 1 ~ 1.5 千克，1 次施用可持续 2 ~ 3 年；叶面喷施，硫酸铜浓度为 0.02% ~ 0.05%，为了避免毒害，最好加入 0.15% ~ 0.25% 的熟石灰，配成波尔多液施用，既可避免叶面的灼伤，又可以杀菌防病。

二、烟草害虫

烟　蚜

烟蚜（*Myzus persicae*）又名桃蚜，属半翅目蚜科，我国各烟区均有分布。

[**为害状**] 烟蚜吸食幼嫩烟叶汁液，烟叶受害后生长缓慢，叶片变薄、皱缩，烟蚜同时分泌蜜露，诱发煤污病，造成烟叶品质下降；有翅蚜传播烟草黄瓜花叶病毒、马铃薯Y病毒等多种病毒。

烟蚜为害嫩叶

[**形态特征**] 无翅孤雌胎生蚜：体长1.5～2.0毫米，长卵圆形，体色多变，有绿色、黄绿色、暗绿色、赤褐色等多种颜色。有翅孤雌胎生蚜：体长约2毫米，头部黑色额瘤显著，且向内倾斜。触角6节，黑色。

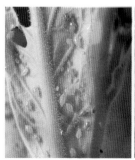

不同体色无翅烟蚜

烟蚜越冬卵

有翅烟蚜

[发生规律] 烟蚜1年发生的代数因地区而异，西南烟区1年发生30～40代，东北烟区、黄淮烟区1年发生24～30代。在山东、河南、吉林、辽宁、黑龙江等烟区，烟蚜一般以卵在桃树上，也可以孤雌胎生蚜在蔬菜大棚内越冬，在福建、广东、广西等烟区，烟蚜终年以孤雌生殖方式繁殖。春季有翅蚜迁往烟草、早春作物和蔬菜上，迁入的有翅蚜通过胎生无翅蚜进行为害，秋季产生有翅蚜迁往十字花科蔬菜或其他寄主上为害。烟蚜以有性生殖方式越冬的烟区，10月中旬以后产生有翅性母迁往桃树，于10月底开始交尾产卵，卵多产于枝条的顶端或花芽内侧。

[防治方法]

（1）防治桃树及保护地蔬菜的蚜虫，以减少迁移蚜的数量。

（2）苗床期可用纱网阻隔蚜虫进入苗床。

（3）移栽时在烟株根际周围穴施5%涕灭威颗粒剂750克/亩，限河北、河南、山东、山西和新疆地区使用。

（4）大田生长期，可选用5%吡虫啉乳油1 200倍液、3%啶虫脒乳油2 500倍液等进行防治。

（5）有条件的烟区可繁殖烟蚜茧蜂，于烟田释放僵蚜或用成蜂防治烟蚜。

烟　粉　虱

烟粉虱（*Bemisia tabaci*）又名银叶粉虱、甘薯粉虱、棉粉虱，属半翅目粉虱科。据初步统计，目前烟粉虱在我国广东、广西、福建、云南、贵州、湖南、江西、浙江、上海、江苏、安徽、湖北、重庆、四川、山东、河南、山西、陕西、甘肃、新疆、河北、内蒙古、吉林、黑龙江、海南、台湾等26个省（自治区、直辖市）都有分布。寄主植物多达600余种，主要为害烟草、棉花、番茄、茄子、西瓜、黄瓜等。

[为害状] 烟粉虱成虫和若虫均可为害，在烟株叶片和嫩茎上刺吸汁液，造成植株生长发育受阻，并可分泌蜜露，污染叶片，

诱发煤污病，影响叶片光合作用。烟粉虱还是烟草曲叶病毒的主要传毒介体。

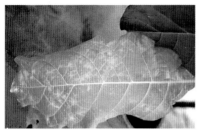

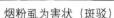
烟粉虱为害状（斑驳）　　　　烟粉虱为害状（叶脉透明）

[**形态特征**] 成虫：体长约1毫米，体黄色，翅白色，无斑点，体及翅覆有白色粉状物。2对翅休息时呈屋脊状，翅脉简单。卵：长约0.2毫米，长椭圆形，有光泽，卵初产时淡黄绿色，孵化前颜色加深，变为深褐色。若虫：初孵若虫椭圆形，扁平，灰白色，稍透明。以后体色灰黄色，很像介壳虫。伪蛹：为四龄若虫末期。体长0.6～0.9毫米。椭圆形，后方稍收缩，淡黄色，稍透明，背面显著隆起，并可见红褐色复眼。

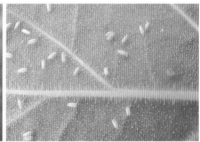

烟粉虱成虫

[**发生规律**] 烟粉虱1年发生10代左右，在我国的北方露地不能越冬，保护地可常年发生，田间世代重叠极为严重。春季在十字花科蔬菜及一些杂草上为害，5月上旬成虫迁入烟田，温湿度适宜时，烟粉虱即对烟草造成严重为害。秋季又回到蔬菜及杂草上为害。成虫多在温暖无风的天气活动，有趋嫩趋黄绿色的习性，

还有强烈的集聚性。常常雌、雄成虫成对停落于叶片背面。烟粉虱以两性生殖为主，两性生殖时产生雌虫和雄虫，也可孤雌生殖，孤雌生殖时只产生雄虫。卵散产或排列成环状，多产于植株上中部叶片背面，卵柄插入叶片组织中。一龄若虫多在孵化处取食。高温高湿适于烟粉虱的发生和繁殖，暴风雨可抑制其发生。套种甘薯或大豆的烟田烟粉虱发生量均明显高于单作烟田。

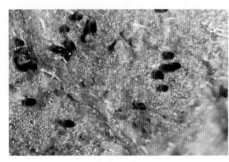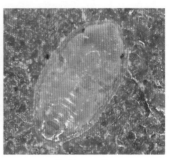

烟粉虱卵　　　　　　　　烟粉虱伪蛹

[防治方法]

（1）烟草育苗棚及烟草大田要远离蔬菜大棚，特别是辣椒、番茄大棚。烟田周围避免种植烟粉虱越冬寄主。

（2）在我国北方由于烟粉虱多从保护地迁入烟田为害，因此可通过高温闷杀法防治棚内烟粉虱。

（3）烟粉虱对黄色有强烈趋性，可在大田内设置黄板诱杀成虫。

（4）开始发生时，喷洒内吸及触杀性药剂，如1%阿维菌素乳油2 000～3 000倍液、25%噻虫嗪水分散粒剂2 000～3 000倍液、10%吡虫啉可湿性粉剂1 500倍液。每隔5～7天防治1次，连防3次可有效控制其为害。

斑　须　蝽

斑须蝽（*Dolycoris baccarum*）属半翅目蝽科，又名细毛蝽、斑角蝽、黄褐蝽、臭大姐。主要分布于北纬15°～50°之间，在我国各地均有发生。

[**为害状**] 以成虫和若虫为害烟草上部嫩叶的主脉、侧脉和嫩茎，导致烟株顶端和受害一侧的嫩叶萎蔫，若墒情良好，晚间可恢复，中下部叶片受害则不表现萎蔫，有时也可在叶片上形成坏死斑，严重时导致烟株生长发育迟缓，叶片减少，株高变矮。

斑须蝽为害状

[**形态特征**] 成虫：黄褐或紫红色，密被白色绒毛和黑色小刻点，触角5节，黄黑相间，小盾片三角形，末端钝而光滑，黄白色，腹部腹面黄褐色或黄色，有黑色刻点。卵：圆桶形，排列成块，初产浅黄色，后变灰黄色，可见1对红色眼点，卵壳有网状纹，密被白色短茸

斑须蝽成虫

毛。若虫：共5龄，四龄若虫头、胸浅黑色，腹部淡黄褐色至暗灰褐色，五龄若虫黄褐色至暗褐色，全身密布白色茸毛和黑色点刻，翅芽达第四可见腹节中部。

斑须蝽卵块

斑须蝽卵壳及初孵若虫

[**发生规律**] 黑龙江、吉林每年发生1～2代，辽宁、内蒙古、宁夏每年发生2代，河南、陕西、山东、安徽每年发生3代，江西、湖南、福建每年发生3～4代，世代重叠。以成虫在室外表土的缝隙、越冬蔬菜的基部以及枯枝落叶中越冬。成虫具有一定的飞翔能力，喜温性明显，具假死性，喜群聚于现蕾或开花的烟株上。卵多产于叶片背面或嫩头，排列成块。若虫共5龄，一、二龄若虫群聚性较强，三龄以后向整个烟株或邻近烟株分散，四龄、五龄若虫受惊后易假死落地。

[**防治方法**]

（1）搞好田间卫生，及时清除田间杂草和枯枝落叶。

（2）在烟田人工捕杀成虫和若虫，同时采摘卵块。

（3）成虫盛发期用黑光灯或频振式杀虫灯诱杀。

（4）药剂防治。防治时期为成虫和一、二龄若虫期，可选用40％灭多威可溶粉剂1 500倍液、25克/升高效氯氟氰菊酯乳油2 500倍液等药剂进行喷雾。

稻 绿 蝽

稻绿蝽（*Nezara viridula*）属半翅目蝽科，又名稻青蝽、绿蝽等。除黑龙江、吉林外在我国其他烤烟种植区均有分布。

[**为害状**] 主要以成虫和若虫为害，刺吸烟株顶部嫩叶、嫩茎，造成叶片出现水渍状萎蔫，继而干枯，为害严重时可导致上部叶片或烟株顶梢萎蔫。

稻绿蝽为害状

[**形态特征**] 成虫：分全绿型、点斑型、黄肩型和综合型4种，全绿型为代表型，体、足全鲜绿色，触角第三节末及四、五节端半部黑色，其余青绿色，小盾片末端狭圆，基缘有3个小白点，两侧角外各有1个小黑点。卵：圆桶形，初产黄白色，

后转红褐色，顶端有盖，周缘白色。若虫：共5龄，四龄若虫头部有倒T形黑斑，翅芽明显，五龄若虫出现单眼，翅芽伸达第三腹节，前胸与翅芽散生黑色斑点。

稻绿蝽成虫

[发生规律] 北方地区每年发生1代，四川、江西每年发生3代，广东每年发生4～5代，世代重叠。以成虫在杂草、土缝、灌木丛中越冬。成虫具有趋光性、趋绿性和假死性。卵呈块状规则排列。若虫具假死性，低龄若虫有群集性。

[防治方法]

(1)冬季清除田园杂草，消灭部分成虫。

(2)灯光诱杀成虫。

(3)药剂防治。参考斑须蝽。

烟青虫和棉铃虫

烟青虫（*Helicoverpa assulta*）和棉铃虫（*Helicoverpa armigera*）都属鳞翅目夜蛾科，两者为近缘种，形态相似，在我国大多数烟区均有发生，且常混合发生。

[为害状] 两种害虫均以幼虫为害。在烟株现蕾以前为害新芽与嫩叶，咬成孔洞或缺刻，严重时几乎可将整片叶吃光；留种田

低龄幼虫为害状

严重为害状

烟株现蕾后，为害花蕾和蒴果，有时钻入嫩茎取食，造成上部幼芽、嫩叶枯死。

幼食取食烟花

幼虫为害烟草蒴果

[形态特征] 烟青虫：雌蛾前翅棕黄色，雄蛾灰黄绿色。前翅斑纹较为清晰，内、中、外横线均为波纹状细纹。后翅近外缘有1条黑色宽带，内侧有1条黄褐色至黑褐色斜纹。腹部腹面无黑色鳞片。老熟幼虫体色多变，呈青绿色、黄绿色、黄褐色等，体表密生短而粗的小刺，腹面小刺色浅，不明显。

烟青虫成虫

棉铃虫成虫

卵

低龄幼虫

不同体色幼虫

棉铃虫：成虫与烟青虫形态相似。前翅斑纹较为模糊，后翅沿外缘有褐色宽带，宽带内有近似新月形的灰白色斑。腹部背面及腹面都有黑色鳞片。老熟幼虫体色多变，有淡红色、黄白色、淡绿色、绿色等，体表密生长而尖的褐色小刺，腹面有明显的黑褐色小刺。

蛹

[发生规律] 烟青虫每年发生的世代数因地而异，东北烟区每年发生2代，山东、河南、陕西等地3～4代，安徽、云南、贵州、四川、湖北等地4～6代。烟青虫在各地均以蛹在土中7～13厘米处越冬，一般在4月底至6月中旬越冬蛹羽化为成虫，在各地经不同世代后于9～10月化蛹入土越冬。

棉铃虫发生规律与烟青虫相似，在烟田两种害虫常混合发生，不同地区、不同发生世代下两者的发生比例有所差异。

烟青虫、棉铃虫成虫诱捕器

两种害虫的成虫多集中在夜晚活动。卵多散产在烟株中上部叶片正、反面茸毛较多的部位，现蕾后多产于花瓣、萼片或蒴果上。成虫对糖蜜气味、半萎蔫的杨树枝把趋性较强，并有一定的趋光性。

[**防治方法**]（1）冬耕灭蛹。

（2）在发生量较少时可人工捕杀幼虫。

（3）利用成虫的趋光性和趋化性，在成虫发生期可采杀虫灯或性诱剂进行大面积统一诱杀。

（4）药剂防治：于幼虫三龄以前选用0.5%甲氨基阿维菌素苯甲酸盐微乳剂1 500倍液、2.5%高效氯氟氰菊酯乳油2 000倍液或90%灭多威可溶性粉剂3 000倍液等药剂进行防治。在卵孵化盛期也可喷施苏云金杆菌、苦参碱等生物制剂进行防治。

斜 纹 夜 蛾

斜纹夜蛾（*Prodenia litura*）属鳞翅目夜蛾科，又称莲纹夜蛾，在我国各省（自治区、直辖市）均有分布，淮河以南常年发生较重，而淮河以北各烟区为间歇性发生为害。

[**为害状**]以幼虫取食叶片，轻则食成孔洞和缺刻，重则将叶片吃光，也可为害花及果实。

斜纹夜蛾严重为害状

斜纹夜蛾为害烟株

[形态特征] 成虫：体长16～21毫米，翅展31～42毫米，头部、胸部各有白色丛毛，前翅灰褐色，内、外横线灰白色，波浪形，有白色条纹，后翅白色，有紫色反光。卵：半球形，初产时黄白色，渐变成灰黄色，孵化前呈灰黑色。卵粒排成块状，其上覆有黄白色茸毛。幼

斜纹夜蛾成虫

（张超群　提供）

虫：体长35～51毫米，呈圆筒形，通常呈黑褐色、暗褐色、土黄色或淡灰绿色，但均散布白色斑点，各体节亚背线上缘各有1对较大的新月形黑斑，腹部腹面暗绿色且散布有白色斑点。

斜纹夜蛾卵块及初孵幼虫

（张超群　提供）

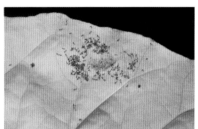

斜纹夜蛾初孵幼虫

（陈荣华　提供）

斜纹夜蛾幼虫

[发生规律] 福建、广东、广西烟区一般每年发生8代以上，长江流域烟区每年发生5～6代，黄淮烟区每年发生4～5代。在长江以南烟区主要以幼虫和蛹在土中越冬，长江以北烟区越冬规律尚不清楚，属迁飞性害虫。成虫昼伏夜出，趋光、趋化性强，喜食糖醋及发酵物，卵常产在烟株中部叶片背面，初孵幼虫群集在卵块附近取食，不怕光，啃食下表皮及叶肉，四龄开始避光且进入暴食期，咬食叶片成缺口和孔洞，仅留叶脉，一般傍晚出来取食。

[防治方法]

（1）及时冬耕，减少越冬蛹。

（2）黑光灯或斜纹夜蛾专用诱捕器诱杀成虫。

（3）当初孵化幼虫集中为害时，及时摘除被害叶片，并集中处理。

（4）药剂防治。防治时期为三龄以前，可选5%高氯·甲维盐微乳剂3 500倍液喷雾。

斜纹夜蛾成虫诱捕器

烟 草 潜 叶 蛾

烟草潜叶蛾（*Phthorimaea operculella*）又名马铃薯块茎蛾、马铃薯麦蛾，属鳞翅目麦蛾科，曾被我国和其他多个国家列为重要的植物检疫对象，现在已经发展成为一种世界性害虫。在我国西南、西北、中南、华东等地区都有分布。

[为害状] 以幼虫潜食于叶片之内蛀食叶肉，仅剩上、下表皮，形成白色弯曲的隧道，随着叶片的生长，隧道逐渐扩大而连成一片，形成透亮的大

烟草潜叶蛾初期为害状

斑。被害烟叶烘烤后，极易破碎，降低烟叶商品等级。

[形态特征] 成虫：体灰褐色，微带银灰色光泽。体长5～6毫米。触角丝状，黄褐色。头顶有发达的毛簇。前翅狭长，黄褐色或灰褐色，杂有黑色；后翅灰褐色，翅尖突出，前缘基部具有一束长毛。卵：椭圆形，初产时乳白色，略透明，有白色光泽，中期淡黄色，孵化前为黑褐色，有紫色光泽。幼虫：体色多黄白色或灰绿色，老熟时体背淡红色或暗绿色，头部棕褐色。蛹：近似圆锥形，初期淡绿色，中期棕黄色，后期复眼、翅芽等附节均为黑褐色。

[发生规律] 烟草潜叶蛾无严格的滞育现象，各虫态在我国南方均能越冬，主要以幼虫在冬藏薯块、田间残留薯块、

烟草潜叶蛾大田为害状

烟草潜叶蛾成虫

烟草潜叶蛾幼虫

烟草潜叶蛾蛹

烟草残株、枯枝落叶内越冬。在北方只有少数蛹可以越冬，主要以幼虫在马铃薯块茎内越冬。一般高温潮湿条件对其发生不利，在干旱少雨多风的地方往往发生较重。北方1年发生4～5代，云南、贵州5～6代，湖南6～7代，四川、重庆6～9代。成虫白天潜伏在烟草底脚叶下、土块间、杂草丛中，夜晚活动，有趋光性。雄蛾比雌蛾趋光性强。成虫飞翔力不强。在烟草上卵多散产于下部一至四片叶的背面或正面中脉附近，幼苗期则多产于心叶的背面。幼虫有一定的耐饥能力。雌蛾有孤雌生殖能力，其后代仍可正常繁殖。

[防治方法]

（1）加强植物检疫工作，杜绝从疫区调运马铃薯，尤其是种薯和烟苗。

（2）在以烟草种植为主的地区，应不种或少种马铃薯，避免烟草与马铃薯轮作。

（3）选用诱捕器诱集的方式进行生物防治。

（4）选择高效、低毒、无残毒的农药，在幼虫

烟草潜叶蛾诱捕器

盛发期及时进行防治。可选用90%灭多威可湿性粉剂2 000倍液、2.5%溴氰菊酯乳油1 000倍液喷雾。

烟 草 蛀 茎 蛾

烟草蛀茎蛾（*Scrobipalpa heliopa*）属鳞翅目麦蛾科，又名烟草茎蛾、烟草麦蛾，俗称大脖子虫。主要分布在我国长江以南地区。

[为害状] 普通烟草是其唯一寄主。烟草苗期受害一般会形成虫瘿，俗称"大脖子"，造成烟苗生长停滞；烟草大田期幼虫多在烟草

主茎髓部蛀食，不表现明显症状，但严重时会造成烟株显著矮小。

烟草蛀茎蛾为害造成的"大脖子"症状
（云南省烟草农业科学研究院提供）

烟草蛀茎蛾为害状
（云南省烟草农业科学研究院提供）

[形态特征] 成虫：体长5.5～7.0毫米，灰褐色或黄褐色，头顶有毛簇，前翅狭长，呈褐色或棕褐色，后翅菜刀状，灰褐色，足的胫节以下黑白相间，雌成虫具翅缰3根，雄成虫仅1根。卵：长椭圆形，初产时乳白色并微带青色，后渐变为浅黄色，孵化前卵内可见一黑点。幼虫：初孵幼虫多为灰绿色，后变为黄白色或乳白色。蛹：略呈纺锤形，棕色，臀棘小，钩齿状，两侧生有尖端弯曲的刚毛，雄蛹尾端尖锐。

烟草蛀茎蛾幼虫
（云南省烟草农业科学研究院提供）

烟草蛀茎蛾蛹
（云南省烟草农业科学研究院提供）

　　［**发生规律**］　在我国每年发生3～6代，其中贵州每年发生3～4代，湖南、江西、云南等每年发生4～5代，广西每年发生6代，世代重叠。以幼虫或蛹在烟茬、烟秆和烟草残株内越冬，有时成虫和卵也可越冬。成虫白天多栖息于烟叶背面或杂草丛中等隐蔽处，夜晚活动，受惊时可短距离飞行。卵多散产于叶背、嫩茎及叶耳等处。初孵幼虫一般由烟叶表皮蛀入，形成潜痕，然后沿支脉、主脉、叶基最终蛀入烟茎，引起烟茎肿大。幼虫不能转株取食，老熟后在取食处结白色薄茧化蛹。

　　［**防治方法**］

　　（1）采收结束后拔除烟秆并带出田外妥善处理。

　　（2）移栽时选取无虫健苗，预防人为传播。

　　（3）药剂防治。防治时期为越冬代成虫产卵高峰期至卵孵化期，也可在移栽时用药剂浸苗，可选药剂为40%灭多威可溶粉剂1 500倍液、25克/升高效氯氟氰菊酯乳油2 500倍液等药剂进行喷雾处理。

地　老　虎

　　地老虎属鳞翅目夜蛾科，是为害烟草的主要地下害虫，我国各烟区均有分布。常见的有小地老虎（*Agrotis ypsilon*）、黄地老虎（*A. segetum*）、三叉地老虎（*A. trifurca*）等，以小地老虎分布最广，为害最重。

　　［**为害状**］　以幼虫为害移栽至团棵期的幼苗，造成缺苗断垄。一至二龄幼虫取食嫩烟叶成缺刻或孔洞，三龄后昼伏夜出，在近地面处咬断嫩茎。

　　［**形态特征**］　小地老虎成虫体暗褐色；触角雌虫丝状，雄虫基部为双栉齿状；前翅肾形斑外有一黑色剑状纹与两个尖端向内的剑状纹相对。幼虫体黄褐至暗褐色，密布黑色颗粒，腹部一至八节背面各具两对毛片，前大后小，臀板上具两条深褐色纵带。

地老虎为害状

地老虎为害茎基部表皮

黄地老虎成虫前翅黄褐色，其上散布小黑点，肾状纹、环状纹及楔状纹明显，各斑纹边缘为黑褐色，中央为暗褐色。老熟幼虫腹背面4个毛片大小相近，臀板中央有黄色纵纹，其两侧各有一黄褐色斑。

黄地老虎幼虫

小地老虎幼虫

[**发生规律**] 小地老虎1年发生2～7代，由南向北递减。有长距离迁飞习性，春季越冬代成虫由南方逐步向北迁移，秋季则由北方向南迁回并越冬。1月0℃等温线以北的地区不能正常越冬。成虫昼伏夜出，飞翔力强，有较强的趋化性（喜酸甜气味）和趋

光性。卵多产于土块、枯草或多毛的叶子背面。耕作粗放、地势低洼及杂草较多的烟田受害重。

黄地老虎年发生2～4代，多以幼虫在土中越冬。成虫昼伏夜出，具有趋光性和趋化性，产卵场所与小地老虎类似。

[**防治方法**]

（1）合理轮作（如烟稻轮作），深耕细耙，冬耕冬灌，合理施肥，施用充分腐熟的农家肥。

（2）利用黑光灯或糖：酒：醋：水3：1：4：2加少量敌百虫诱杀成虫，利用新鲜的泡桐叶诱捕幼虫（60～80片/亩）。

（3）施用毒饵或毒草。将80％敌百虫可溶性粉剂0.5千克或40％辛硫磷乳油500毫升加水2.5～5.0千克，拌以幼虫喜食的碎鲜草或菜叶30～50千克；或将80％敌百虫可溶性粉剂0.5千克加水1～5千克，喷在25～30千克磨碎炒香的菜籽饼或豆饼上。将毒饵或毒草于傍晚撒到烟苗根际，每亩用量15～30千克。

（4）灌根。40％辛硫磷乳油1 000倍液、80％敌百虫可溶性粉剂500～800倍液浇灌烟株，每株200毫升左右。此方法可结合浇移栽水进行。

（5）喷雾。地老虎幼虫三龄前喷施90％敌百虫可溶性粉剂500～800倍液或2.5％高效氯氟氰菊酯乳油2 000倍液。

金 龟 甲

金龟甲属鞘翅目，我国各烟区为害烟草的金龟甲类害虫种类较多，分布广，常见的包括华北大黑鳃金龟（*Holotrichia oblita*）、黑绒鳃金龟（*Maladera orientalis*）、中华弧丽金龟（*Popillia quadriguttata*）、铜绿丽金龟（*Anomala corpulenta*）等。云南、贵州等烟区码绢鳃金龟（*Maladera* sp.）有时为害较重。

[**为害状**]成虫和幼虫均可为害。成虫取食烟叶、烟花成缺刻、孔洞，幼虫（蛴螬）取食烟根，伤口整齐，严重时可造成死苗。

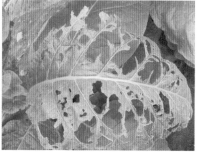

金龟甲成虫为害状

[形态特征] 华北大黑鳃
金龟：体黑褐色或黑色，有光
泽，鞘翅上4条纵肋明显，腹
部臀节背板向腹下包卷。黑绒
鳃金龟：体卵形，黑褐色，被
灰黑色短绒毛。码绢鳃金龟：
体棕褐色，背面有暗铜绿色光
泽，鞘翅上有10条明显的隆起
线，前足腿节粗大，胫节外侧
有2个齿。铜绿丽金龟：体背
面铜绿色，有光泽，前足胫节

蛴 螬

外侧有2个齿，内侧有1个齿。中华弧丽金龟：体长椭圆形，体
色多为深铜绿色，鞘翅浅褐至草黄色，四周深褐至墨绿色，足黑

华北大黑鳃金龟成虫　　　　　黑绒鳃金龟成虫

码绢鳃金龟成虫
（云南省烟草农业科学研究院提供）

铜绿丽金龟成虫

中华弧丽金龟成虫

褐色；臀板基部具白色毛斑2个，鞘翅有6条近于平行的刻点沟。

[**发生规律**] 华北大黑鳃金龟一般2年完成1代，以成虫、幼虫在土中越冬。黑绒鳃金龟1年发生1代，以成虫越冬。铜绿丽金龟1年发生1代，以幼虫越冬。中华弧丽金龟1年发生1代，以三龄幼虫越冬。码绢鳃金龟在云南1年发生1代，以幼虫在土中越冬。

金龟甲成虫多数昼伏夜出，有假死性和趋光性。温度对金龟甲类害虫行为的影响较大，可影响其出土活动及为害。

[**防治方法**]

（1）冬、春耕翻土地，铲除杂草，施用充分腐熟的农家肥。

（2）设置杀虫灯诱杀成虫。

（3）药剂防治。成虫出土盛期可用2.5%高效氟氯氰菊酯乳油2 000倍液或90%灭多威可湿性粉剂3 000倍液等药剂喷雾防治，防治幼虫可用农药拌土或撒施颗粒剂，如10%二嗪磷颗粒剂于移栽时穴施，每亩施用500克。

金 针 虫

金针虫属鞘翅目，成虫为叩头甲。我国烟区为害烟草的金针虫主要有沟金针虫（*Pleomus canaliculatus*）和细胸金针虫（*Agriots fuscicollis*）两种，长江流域及其以北地区和西北烟区受害较重。

[为害状]金针虫食性较杂，多在烟苗移栽后至团棵前以幼虫蛀食近地面及土中嫩茎，留有残缺不齐的孔洞，有时为害侧根和须根，使叶片变黄枯萎，甚至死苗。

[形态特征]沟金针虫成虫体深褐或棕红色，密布黄色细毛，雌虫扁平，雄虫细长；老熟幼虫体长25～30毫米，金黄色，体形宽而扁平，背面中央有1条细纵沟，尾节两侧缘有3对锯齿状突起，尾端分叉，各叉内侧均有一小齿。细胸金针虫成虫

金针虫为害状

体暗褐色，密布灰色短毛；老熟幼虫体长约23毫米，淡黄色，较细长，圆筒形，尾节圆锥形，其背面有4条褐色纵纹，近基角两侧各有一褐色圆斑。

[发生规律]沟金针虫约3年完成1代，以成虫和各龄幼虫在土下20～55厘米处越冬。以旱作区域中有机质较缺乏的粉沙壤土及粉沙黏壤土发生较重。10厘米深土温达到10℃左右时越冬成虫开始出土活动，10℃以上时达到活动高峰，土温过高和过低时潜入土壤深层越夏或越冬。雌虫不能飞翔，具假死性，雄虫活跃，有趋光性。一般春季雨水较多，土壤墒性好，为害加重。

细胸金针虫约2～3年完成1代，以成虫、幼虫在土下

沟金针虫幼虫

（商胜华　提供）

金针虫成虫

30～40厘米处越冬。对土壤湿度要求较高，水浇地、低洼易涝地及保水性较好的黏重土壤中为害较重。春季比沟金针虫活动早，土温7～11℃适宜活动为害，超过17℃停止为害。成虫昼伏夜出，具假死性和弱趋光性，对新鲜而略有萎蔫的杂草及作物枯枝落叶等腐烂发酵气味有较强的趋性，可利用此习性进行堆草诱杀。

[防治方法] 大田中防治金针虫可采用灌根方法（参考地老虎防治方法）。

烟 草 甲

烟草甲（*Lasioderma serricorne*）属鞘翅目窃蠹科，为世界性仓储害虫，在我国大部分烟区均有发生为害。

[为害状] 烟草甲主要以幼虫为害仓储烟叶，被害烟叶穿孔、

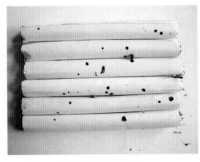

烟草甲为害卷烟

烟草甲为害初烤烟

破碎，影响出丝率，卷烟被害后因漏气而无法抽吸，虫尸、粪便严重影响品质。

[形态特征] 成虫：体长2.5～3.0毫米，椭圆形，赤褐色，有光泽，全身密布黄褐色细毛；头隐于前胸下，口器无上唇，上颚外露；触角锯齿状。卵：长椭圆形，黄白色，长0.4～0.5毫米，表面光滑，一端有若干微小突起。幼虫：体长3.5～4.0

烟草甲成虫

毫米，体弯曲呈C形，乳白色，全身有较密的细长茸毛；头部黄褐色，两侧各有一深褐色斑块。蛹：长约3毫米，宽约1.5毫米，乳白色，前胸背板位于头的上方。雌蛹腹末腹面的生殖乳突分叉，雄蛹的生殖乳突呈球状，不突出。

[发生规律] 烟草甲1年发生3～8代，世代重叠，以不同龄期的幼虫越冬。成虫喜阴暗，白天或光线强烈时潜在阴暗处，夜间或阴天时活动频繁，善飞，有伪死性。雌成虫产卵于烟叶皱褶内、烟梗凹陷处或烟仓缝隙中。初孵幼虫喜在黑暗中活动。

[防治方法]

（1）清洁仓库，防止新旧烟混放。

（2）做好虫情监测。

烟草甲幼虫

烟草甲蛹

（3）用黑光灯或性信息素诱捕器诱捕成虫。

（4）熏蒸。密封仓库，磷化铝用量为6～8克／米³。

烟 草 粉 螟

烟草粉螟（*Ephestia elutella*）属鳞翅目螟蛾科，各烟区均有分布，以南方烟区受害较重。烤烟受害最重，白肋烟、晒烟较轻，烟草制品次之。

[为害状] 以幼虫为害烟叶，幼虫喜于柔软多糖的烟叶中吐丝缠连，潜伏取食，烟叶被食成不规则的孔洞，有时仅留叶脉，虫尸、虫粪、丝状物污染烟叶，降低烟叶品质，被害烟叶较易霉变。

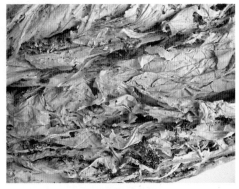

烟草粉螟为害状

[形态特征] 成虫：体长5～7毫米；前翅灰黑色，有棕褐色花纹，近翅基部及端部各有一淡色横纹，外缘有明显的黑色斑点；后翅银灰色，半透明。卵：椭圆形，长约0.5毫米，宽约0.3毫米。初产时为乳白色，略有光泽，随着胚胎的发育颜色逐渐加深。卵壳表面有花生壳状网纹。老熟幼虫：体长10～15毫米，头部赤褐色，前胸盾片、臀板及毛片黑褐色，腹部淡黄色或黄色，背面通常红色。蛹：蛹长7～8.5毫米，细长，黄褐色。

[发生规律] 烟草粉螟每年发生2～3代，以老熟幼虫在墙缝、烟包折缝、垫席或烟包内越冬。卵散产或数粒集中产在一起。成虫昼伏夜出，负趋光性，喜在夜间活动。幼虫

烟草粉螟成虫

烟草粉螟幼虫　　　　　　　　　　烟草粉螟蛹

多在夜间为害，烟叶含水量在13%左右时，幼虫发育最快，而低于10%时，幼虫不能完全发育，有时会死亡。20～30℃间和相对湿度70%～80%时有利于其生长发育，不耐低温。

[防治方法]

（1）清洁仓库，防止新旧烟混放。

（2）做好虫情监测。

（3）熏蒸防治。参考烟草甲。

野　蛞　蝓

野蛞蝓（*Agriolimax agrestis*）又称旱螺、黏液虫、鼻涕虫等。属软体动物门腹足纲柄眼目蛞蝓科。热带、亚热带及温带均有分布，我国各省（自治区、直辖市）几乎都有发生，云南、贵州、湖南、湖北、福建、广西、四川、重庆等地常见其对烟草的为害，黄淮烟区偶有为害，食性杂。

[为害状] 主要在苗期、移栽后还苗期至大田前期为害，被害叶多呈缺

野蛞蝓为害状

（丁伟　提供）

刻、孔洞或仅残留表皮，严重时食尽子叶和生长点，还苗期可仅剩叶脉，影响烟苗生长。进入旺长期后，烟株多为下部叶片受害，取食烟叶时所爬过的地方留有白色痕迹。

[**形态特征**] 成虫：体光滑柔软，无外壳，黏液无色，体黑褐、灰褐或暗灰红色，伸展时体长25～30毫米，宽4～6毫米；体背面前段具外套膜，边缘卷起，内有一退化贝壳。卵：椭圆形，直径2～2.5毫米，透明白色，有弹性，可见卵核，近孵化时变为黑色。幼虫：初孵虫似成体，长2～2.5毫米，宽约1毫米，4～7个月发育成为成体，全身淡褐色。雌雄同体，异体受精。

野蛞蝓及其为害状

(丁伟 提供)

野蛞蝓

(张超群 提供)

[**发生规律**] 大多数地区1年发生2代。多以成虫及卵在潮湿土块缝隙间、草丛或石块下越冬，亦有少量越冬幼体，春季气温回升时出土为害。成虫产卵期平均为160多天，隔1～2天产卵1次，卵产于潮湿土块下、土壤缝隙或作物根际，卵粒粘附成堆，产卵最适土壤温度是旬均温9℃左右，超过25℃时停止产卵，干燥或过湿不利于胚胎发育及卵的孵化。野蛞蝓发生最适温度为10～20℃，土壤湿度为80%～90%，相对湿度85%以上。高于26℃时活力逐渐减弱。野蛞蝓喜阴暗潮湿、多腐殖质的环境，对光有明显负趋性，白天栖息于阴暗处，夜间或阴天出来活动取食。野蛞蝓表皮薄具渗透性，环境干燥时，体内水

分不断渗出，黏液过量分泌，出现脱水，当虫体失水30％时即停止活动而死亡。

[防治方法]

(1) 冬季深翻，消灭越冬虫体。

(2) 选背风向阳、排水良好、无野蛞蝓发生的地块作苗床。

(3) 诱杀，在苗床周围放置蔬菜等新鲜叶片，清晨检查捕杀。

(4) 在烟苗出土后，可用新鲜的生石灰粉撒在苗床周围设置封锁带，阻止野蛞蝓侵入为害。

(5) 田间药剂防治时，每亩可用6％四聚乙醛颗粒剂465～665克，拌土10～15千克，在野蛞蝓盛发期的晴天傍晚均匀撒于烟株附近地面。或向苗床烟田的土埂上喷施茶枯液（按粉碎茶枯1千克加水10千克煮沸半小时，揉搓过滤后取澄清液，再对水60千克）。

蜗　牛

蜗牛属软体动物门腹足纲柄眼目。我国各地均有分布。多见于沿江滨湖地区。阴湿多雨的年份在局部大量发生。为害我国烟草的蜗牛主要有灰巴蜗牛（*Bradybaena ravida*）、同型巴蜗牛（*B. similaris*）、江西巴蜗牛（*B. kiangsinensis*）等，其中江西巴蜗牛为我国的特有物种。

[为害状] 蜗牛主要为害烟草叶片、嫩茎、嫩芽。受害轻的，叶片被取食成大小不等的缺刻和孔洞，严重的叶片被食光。蜗牛在烟叶上爬行留下的黏液及排泄的粪便，可影响叶片的光合作用和烟叶质量。

蜗牛为害状

[**形态特征**] 成体：休息时身体藏在螺壳内，有5.5～6.5个螺层。灰巴蜗牛与江西巴蜗牛贝壳圆球形，同型巴蜗牛贝壳扁球形。幼体：形似成体。初孵幼螺壳薄，半透明，淡黄色。卵：圆球形，直径1～2毫米，乳白色，有光泽，但不透明，孵化前颜色稍变深。

[**发生规律**] 灰巴蜗牛、同型巴蜗牛和江西巴蜗牛等一般每年发生1代，也有的每年发生2代。以成体和幼体在田埂土缝、残株落叶、宅前屋后的物体下越冬。越冬或遇其他不良环境影响时，常在壳口分泌一层白膜。翌年春季开始活动，白天潜入浅土中，傍晚或清晨取食，遇阴雨天则整天栖息在烟株上。交配后数天产卵，卵成堆产于土表下1.5～2厘米深处。幼体主要以腐叶为食，成体以新鲜烟叶为食，且对甜味物质趋性较强。

蜗牛形态

[防治方法]

（1）中耕松土，可使部分卵暴露于日光下自行破裂，也可杀死部分成、幼蜗牛。

（2）蜗牛发生较多时，在烟株附近土面，晴天傍晚每亩撒15千克新化开的熟石灰。

（3）傍晚前后在烟田设置若干新鲜的杂草堆，次日清晨将草堆下诱集的蜗牛集中杀死。

（4）在清晨日出前或阴天蜗牛活动时，可人工捕捉蜗牛。

（5）蜗牛发生严重的田块，可实行烟稻轮作。

（6）药剂防治。一般每亩用6%四聚乙醛颗粒剂465～665克，拌10～15千克过筛细土，于晴天傍晚撒施于土面。

图书在版编目（CIP）数据

图说烟草病虫害防治关键技术 ／ 王凤龙，王刚主编．—北京：中国农业出版社，2013.4（2016.6 重印）
ISBN 978-7-109-17842-7

Ⅰ．①图… Ⅱ．①王… ②王… Ⅲ．①烟草-病虫害防治-图解 Ⅳ．①S435.72-64

中国版本图书馆CIP数据核字（2013）第081379号

中国农业出版社出版
（北京市朝阳区农展馆北路2号）
（邮政编码 100125）
责任编辑 阎莎莎 张洪光

北京中科印刷有限公司印刷 新华书店北京发行所发行
2013年4月第1版 2016年6月北京第3次印刷

开本：880mm×1230mm 1/32 印张：3.25
字数：116千字 印数：6 001～8 000 册
定价：18.00元
（凡本版图书出现印刷、装订错误，请向出版社发行部调换）